塑料与健康

李承峰　主编

中国环境出版集团·北京

图书在版编目（CIP）数据

塑料与健康 / 李承峰主编 .—北京：中国环境出版集团，
2019.4（2020.12 重印）
ISBN 978-7-5111-3947-4

Ⅰ.①塑… Ⅱ.①李… Ⅲ.①塑料垃圾－关系－保健－研究
Ⅳ.① X705 ② R161

中国版本图书馆 CIP 数据核字（2019）第 065002 号

出 版 人　武德凯
策划编辑　徐于红
责任编辑　王　菲
责任校对　任　丽
封面设计　宋　瑞

出版发行　中国环境出版集团（100062 北京市东城区广渠门内大街16号）
　　　　　网　　址：http://www.cesp.com.cn
　　　　　电子邮箱：bjgl@cesp.com.cn
　　　　　联系电话：010-67112765　编辑管理部
　　　　　　　　　　010-67122011　第四分社
　　　　　发行热线：010-67125803　010-67113405（传真）
印　　刷　北京市联华印刷厂
经　　销　各地新华书店
版　　次　2019年4月第1版
印　　次　2020年12月第2次印刷
开　　本　880×1230　1/32
印　　张　4
字　　数　100千字
定　　价　18.00元

2018 年世界环境日主题——"塑战速决"，呼吁世界各国齐心协力对抗一次性塑料污染问题。这表明，一次性塑料污染问题已经成为危害巨大、值得全球共同关注的重要环境污染问题。

塑料可以说是人类有史以来创造出的"最成功"的材料之一，因为成本低、使用方便、容易加工制造、质轻、物理化学性质稳定、种类繁多等优势，它们成为人们生活中必不可少的材料，从超市购物到医疗制品再到航空航天，它们的身影几乎无处不在。不过，塑料也被不少人认为是人类创造出的"最失败"的材料之一，需求和产量都非常惊人，其中大多数还都是作为使用寿命极短的一次性用品，这导致了塑料垃圾的大量产生。绝大多数塑料的回收成本高并且很难在短时间内降解，只有不到 10% 的塑料被回收循环使用，如此累积，越来越多的塑料垃圾给环境生态带来了极大压力。

除了造成了巨大的环境污染，塑料对人体的影响也逐渐受到关注。在捕捉的鱼类中，有三分之一的鱼腹中发现过塑料，包括我们在餐桌上经常吃到的鱼类。我们所喜爱的贻贝和龙虾也不例外。每年进入海洋的塑料，随着洋流四处转移。分解的塑料进入大自然，再被鱼类等生物吞食，最后再出现在人类的身体中，影响人类健康。

各国政府都在采取措施应对塑料污染。我国在 2008 年开始实施《国务院办公厅关于限制生产销售使用塑料购物袋的通知》

（"限塑令"），明确规定在全国范围内禁止生产、销售、使用厚度小于0.025毫米的塑料购物袋；自2008年6月1日起，在所有超市、商场、集贸市场等商品零售场所实行塑料购物袋有偿使用制度，一律不得免费提供塑料购物袋。"限塑令"实施已有十余年，并没有完全达到预期的效果。塑料问题仍然是令人最头疼的问题之一。

塑料与我们每个人的生活息息相关，但也许我们并不知道塑料里面的小秘密，不知道如何科学地使用塑料制品。《塑料与健康》这本书将为你解读塑料背后的小知识，包括了塑料基础知识、生活小常识、小妙招等，以问答的形式、通俗易懂的语言，深入浅出地向公众传播关于塑料的科普知识，兼具科学性、通俗性、趣味性，都是与大家的生活密切相关的。

我国是塑料生产和使用大国，每个公民都有了解塑料知识和使用方法的需求。希望这本书能解决你关于塑料的疑问，让塑料更好地服务于生活，又能时刻提醒你，通过减少塑料制品的使用、尽量重复利用塑料制品等，一起"塑战速决"！

中华环境保护基金会

中国环境科学研究院

2019年1月

目　录

第二章　塑料生活

第三章　拒绝危害

第一章

塑料星球

1 什么是塑料?

塑料是以单体为原料,通过加聚或缩聚反应聚合而成的高分子化合物,由合成树脂及填料、增塑剂、稳定剂、润滑剂、色料等添加剂组成。塑料的主要成分是树脂,树脂占塑料总重量的40% ~ 100%。塑料的基本性能主要取决于树脂的本性,但添加剂也起着重要作用。有些塑料基本上是由合成树脂组成,不含或少含添加剂,如有机玻璃、聚苯乙烯等。

塑料的特性有:

(1)大多数塑料质轻,化学性质稳定,不会锈蚀;

（2）耐冲击性好；

（3）具有较好的透明性和耐磨耗性；

（4）绝缘性好，导热性低；

（5）一般成型性、着色性好，加工成本低；

（6）大部分塑料耐热性差，热膨胀率大，易燃烧；

（7）尺寸稳定性差，容易变形；

（8）多数塑料耐低温性差，低温下变脆，容易老化；

（9）某些塑料易溶于溶剂。

塑料不同性能决定了其在生活、工业中的不同用途，随着技术的进步，人们一直没有停止过对塑料改性的研究。希望不远的将来，塑料改性后可以有更广泛的应用，甚至可代替钢铁等材料，并不再对环境产生污染。

2 塑料可分为哪几种？

（1）根据各种塑料不同的使用特性，通常将塑料分为通用塑料、工程塑料和特种塑料三种类型。

通用塑料一般是指产量大、用途广、成型性好、价格便宜的塑料。通用塑料颗粒有五大品种，即聚乙烯（PE）、聚丙烯（PP）、聚氯乙烯（PVC）、聚苯乙烯（PS）及丙烯腈－丁二烯－苯乙烯共聚合物（ABS）。

工程塑料一般指能承受一定外力作用，具有良好的机械性能和耐高温、耐低温性能，尺寸稳定性较好，可以用作工程结构的塑料，如聚酰胺、聚砜等。

特种塑料一般是指具有特种功能，可用于航空、航天等特殊应用领域的塑料。如氟塑料和有机硅具有突出的耐高温、自润滑等特殊功用，增强塑料和泡沫塑料具有高强度、高缓冲性等特殊性能，这些塑料都属于特种塑料的范畴。

（2）根据各种塑料不同的理化特性，可以把塑料分为热塑性塑料和热固性塑料两种类型。

热塑性塑料是指加热后会熔化，可流动至模具冷却后成型，再加热后又会熔化的塑料。

热固性塑料是指在受热或其他条件下能固化或具有不溶(熔)特性的塑料，如酚醛塑料、环氧塑料等。

（3）根据各种塑料不同的成型方法，可以分为膜压、层压、注射、挤出、吹塑、浇铸塑料和反应注射塑料等多种类型。

膜压塑料多为物性和加工性能与一般热固性塑料相类似的塑料。

层压塑料是指浸有树脂的纤维织物，经叠合、热压而结合成为整体的材料。

挤出和吹塑多为物性和加工性能与一般热塑性塑料相类似的塑料。

浇铸塑料是指能在无压或稍加压力的情况下，倾注于模具中能硬化成一定形状制品的液态树脂混合料，如MC尼龙等。

反应注射塑料是用液态原材料，加压注入膜腔内，使其反应固化成一定形状制品的塑料，如聚氨酯等。

3 每年使用多少塑料袋?

塑料袋是以塑料（常用塑料有聚乙烯、聚丙烯、聚酯、尼龙等）为主要原料制成的袋子，是人们日常生活中必不可少的物品，常被用来装其他物品。因其廉价、重量极轻、容量大、便于收纳的优点被广泛使用。

中国塑料协会塑料再生利用专业委员会专家介绍，全国仅每天买菜要用掉 10 亿个塑料袋，其他各种塑料袋的用量每天在 20 亿个以上。联合国发布报告称，全球每年用掉 5 万亿个塑料袋。据测算我国每生产 1 吨塑料袋需消耗 3 吨石油，中国塑料年产量为 300 万吨，消费量在 600 万吨以上。

北京目前每年废弃 23 亿个塑料袋，产生废旧塑料包装垃圾 14 万吨，占整个生活垃圾的 3%；上海每年产生废旧塑料包装垃圾 19 万吨，占生活垃圾总量的 7%；天津每年的废旧塑料包装垃圾也超过 10 万吨（2016 年数据）。

电商、快递、外卖等新业态的快速发展，带来了塑料袋、塑料餐盒、塑料包装等消耗量快速上升，据国家邮政局发布的《中国快递领域绿色包装发展现状及趋势报告》显示，2016 年，全国快递业塑料袋总使用量约 147 亿个。其中，快递直接使用塑料袋数量约为 68 亿个，占比为 46%；其余 79 亿个塑料袋是电商平台和卖家的自带包装。

我国的塑料袋使用量从"限塑令"政策实施起的一年30亿个，到如今仅快递业一年就消耗147亿个，外卖行业一年消耗量就高达73亿个以上，两者相加每年消耗的塑料袋超过220亿个。塑料袋使用量的不降反升，原因还在于"限塑令"缺乏监管长效机制。我国"限塑令"的监管主要依靠工商人员及相关部门的抽查来执行，未形成长期机制。随着时间的推移，监管部门鞭长莫及，惩罚力度越来越小，检查次数越来越少，最终默许了商家对塑料袋的肆意使用。当前，在集贸市场等地，免费违规使用薄塑料袋又成常态。

此外，我国塑料袋中小生产企业众多，缺乏行业标准，造成生产乱象。有数据显示，我国塑料袋生产企业有6万多家，但上规模的企业只有1500多家，获得QS认证的塑料袋企业只有500余家，有相当一部分生产企业没有达到标准。

4 地球上有多少塑料垃圾？

美国《科学进展》杂志在2017年刊登了一份有关全球塑料状况的研究报告，这项研究指出，人类迄今生产了91亿吨塑料，其中大约一半产生于过去的13年间，重量相当于1.84万座位于迪拜的世界最高建筑哈利法塔，5.6万艘尼米兹级航空母舰，或

5 500 万架巨型喷气式飞机。2015 年，全球共生产 4.4 亿吨塑料，产量是 1998 年的两倍多。现阶段，地球上有将近 70 亿吨塑料已经不再使用。按现有速度，到 2050 年，地球上将有 130 亿吨塑料垃圾，这一重量相当于 3.5 万座纽约帝国大厦，蓝色的地球可能最终变成"塑料星球"。

5　塑料垃圾都去哪里了？

塑料垃圾的处理主要有以下两种方式。

（1）填埋处理。填埋是大量消纳城市生活垃圾的有效方法，也是所有垃圾处理工艺剩余物的最终处理方法，目前，我国普遍采用直接填埋法。所谓直接填埋法是将垃圾填入已预备好的坑中盖上压实，使其发生生物、物理、化学变化，分解有机物，达到减量化和无害化的目的的方法。

（2）焚烧处理。焚烧法是将垃圾置于高温炉中，使其中可燃成分充分氧化的一种方法，产生的热量用于发电和供暖。焚烧处理的优点是减量效果好（焚烧后的残渣体积减小 90% 以上，重量减少 80% 以上），处理彻底。但是，焚烧厂的建设和生产费用极为昂贵。在多数情况下，这些装备所产生的电能价值远远低于预期的销售额，给当地政府留下巨额经济亏损。由于垃圾含有某些金属，所以焚烧具有很高的毒性，易产生二次环境危害。

焚烧处理要求垃圾的热值大于 3.35 兆焦耳 / 千克，否则，必须添加助燃剂，这将使运行费用增高到一般城市难以承受的地步。

人类已废弃的近 70 亿吨塑料垃圾中，只有 9% 得到回收利用，另外 12% 被焚烧，而余下大约 55 亿吨则被填埋或者随意丢弃在自然环境中。

2014 年全球塑料回收利用率统计显示，欧洲回收率达 30%，中国 25%，美国 9%。中国、欧洲和北美是塑料产品排名前三的生产地。

被随意丢弃的塑料散布在世界各处。日本海洋—地球科技研究所科学家在马里亚纳海沟 1.1 万米深处发现了大量白色垃圾；中国第 34 次南极科学考察队在南极戴维斯海域也同样发现了白色垃圾。近年来，海洋生物因误食塑料垃圾，或被塑料制品窒息而死的消息也屡见报端。

6　各国都是如何控制塑料制品使用的？

2015 年，美国旧金山市议会通过禁止超市、药店等零售商使用塑料袋的法案。在洛杉矶等城市，政府开始发起塑料袋回收活动，动员人们少用或不用塑料袋。加拿大、澳大利亚、巴西等国的一些地方也已出台禁用塑料购物袋或有偿使用的规定。非洲的坦桑尼亚、卢旺达、肯尼亚、乌干达也陆续禁止、限用塑料袋。新加坡从 2015 年 4 月开始举办"自备购物袋日"活动。每周三，新加坡 206 家超市开展鼓励消费者少用塑料袋的活动。韩国和日本鼓励商家与消费者多使用可回收的纸袋等，尽量少用塑料袋。有"香格里拉"之称的云南省迪庆藏族自治州从 2001 年起禁用塑料购物袋，成为中国第一批禁用塑料购物袋的地区之一。

我国从 2008 年 6 月 1 日起，在全国范围内禁止生产、销售、使用厚度小于 0.025 毫米的塑料购物袋。自 2008 年 6 月 1 日起，在所有超市、商场、集贸市场等商品零售场所实行塑料购物袋有偿使用制度，一律不得免费提供塑料购物袋。"限塑令"实施初期，在限制塑料袋使用、遏制白色污染方面起到了一定作用。然而，随着近几年快递、外卖等行业逐渐火爆，我国"限塑令"在监管方面却未能升级，造成了新的环境压力，"限塑令"的效果开始逐渐弱化，而在一些商业经营场所，塑料袋仍未实现有偿使用，"限塑令"处境尴尬。在此情形下，"限塑令"也应当与时俱进，政府应提升治理能力，清除"限塑"死角，最终实现"限白"的初衷。

7 垃圾分类时，应将塑料归为哪一类？

垃圾分类的目的是将废弃物分流处理，利用现有生产制造能力，回收利用可回收品，包括物质利用和能量利用，填埋处置暂时无法利用的垃圾。

从国内外各城市对生活垃圾分类的方法来看，大致都是根据垃圾的成分构成、产生量，结合本地垃圾的资源利用和处理方式来进行分类。如德国一般分为纸、玻璃、金属和塑料等；澳大利亚一般分为可堆肥垃圾、可回收垃圾、不可回收垃圾；日本一般分为塑料瓶类、可回收塑料、其他塑料、资源垃圾、大型垃圾、可燃垃圾、不可燃垃圾、有害垃圾等。

可回收垃圾主要包括废纸、塑料、玻璃、金属和布料五大类。废纸：主要包括报纸、期刊、图书、各种包装纸等。但是，要注意纸巾和厕所纸由于水溶性太强不可回收。塑料：各种塑料袋、塑料泡沫、塑料包装、一次性塑料餐盒餐具、硬塑料、塑料牙刷、塑料杯子、矿泉水瓶等。玻璃：主要包括各种玻璃瓶、碎玻璃片、镜子、暖瓶等。金属物：主要包括易拉罐、罐头盒等。布料：主要包括废弃衣服、桌布、洗脸巾、书包、鞋等。

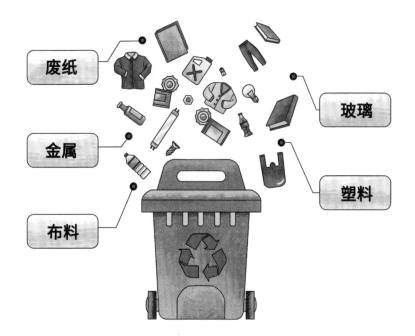

这些垃圾通过综合处理回收利用，可以减少污染，节省资源。如每回收 1 吨废纸可造好纸 850 千克，节省木材 300 千克，比等量生产减少污染 74%；每回收 1 吨塑料饮料瓶可获得 0.7 吨二级原料；每回收 1 吨废钢铁可炼好钢 0.9 吨，比用矿石冶炼节约成本 47%，减少空气污染 75%，减少 97% 的水污染和固体废物。

不可回收垃圾包括厨余垃圾，如剩菜剩饭、骨头、菜根菜叶、果皮等食品类废物。经生物技术就地堆肥处理，每吨可生产

0.6~0.7 吨有机肥料。

不可回收垃圾还包括其他垃圾，包括除上述几类垃圾之外的砖瓦陶瓷、渣土、卫生间废纸、纸巾等难以回收的废弃物及果壳、尘土。采取卫生填埋可有效减少对地下水、地表水、土壤及空气的污染。

事实上，大棒骨因为"难腐蚀"被列入"其他垃圾"。玉米核、坚果壳、果核、鸡骨等则是餐厨垃圾。

（1）卫生纸

厕纸、卫生纸遇水即溶，不算可回收的"纸张"，类似的还有陶器、烟盒等。

（2）餐厨垃圾装袋

常用的塑料袋，即使是可以降解的也远比餐厨垃圾更难腐蚀。此外塑料袋本身是可回收垃圾。正确做法应该是将餐厨垃圾倒入垃圾桶，塑料袋另扔进"可回收垃圾"桶。

（3）果壳

在垃圾分类中，"果壳瓜皮"的标识就是花生壳，的确属于厨余垃圾。家里用剩的废弃食用油，也归类在厨余垃圾。

（4）尘土

在垃圾分类中，尘土属于"其他垃圾"，但残枝落叶属于"厨余垃圾"，包括家里开败的鲜花等。

（5）有毒有害垃圾

含有对人体健康有害的重金属、有毒的物质或者对环境造成现实危害或者潜在危害的废弃物，包括电池、荧光灯管、灯泡、水银温度计、油漆桶、部分家电、过期药品、过期化妆品等。这些垃圾一般单独回收或填埋处理。

8 塑料垃圾可以焚烧吗?

焚烧是塑料垃圾的主要处理途径之一。但无处理的塑料垃圾焚烧对环境和人体有着严重危害,主要是塑料垃圾焚烧之后完全燃烧或不完全燃烧产生重金属物质和有毒物质。

对环境的危害主要像汽车尾气等其他危害气体一样,焚烧垃圾会产生很多热能,加速全球温室效应也就是全球变暖的进程,同时诸多有害气体进入大气中,也会增加空气中的有害颗粒、烟雾甚至是毒物。焚烧垃圾灰尘进入大气,落在土壤、水源处都会对环境产生很多危害。在聚氯乙烯等含氯塑料的焚烧过程中,焚烧温度低于 800℃,含氯垃圾不完全燃烧,极易生成二噁英。二噁英是一类剧毒物质,其毒性相当于人们熟知的剧毒物质氰化物的 130 倍、砒霜的 900 倍。而一些含有重金属成分的垃圾,也会产生相应的有毒重金属粉尘。大量的动物实验表明,很低浓度的二噁英就对动物表现出致死效应。从职业暴露和工业事故受害者身上已得到一些二噁英对人体的毒性数据及临床表现,暴露在含有二噁英的环境中,可引起皮肤痤疮、头痛、失聪、忧郁、失眠等症状,并可能导致染色体损伤、心力衰竭、癌症等。

随着科技的发展,对塑料垃圾焚烧的尾气处理技术也进一步完善。中国的垃圾焚烧工程正在迅速扩展。事实上,不仅仅是北京、广州、南京、苏州，在中国，几乎每个城市都在建设或准备建设垃圾焚烧发电厂。但也有部分城市明确表态不采用垃圾焚烧方法处理垃圾。

目前，垃圾焚烧已经引起了群体事件和诉讼。如南京江北垃圾焚烧发电厂项目引发的群体抗议、江苏吴江垃圾发电厂门口的静默抗议、北京董村垃圾焚烧厂抗议事件以及杭州拟建垃圾焚烧厂多次群众聚集引发冲突等。塑料垃圾是否可以焚烧引起巨大争议。

9　塑料垃圾可以填埋吗?

填埋是大量消纳城市生活垃圾（含塑料垃圾）的有效方法，也是所有垃圾处理工艺剩余物的最终处理方法，目前，我国普遍采用直接填埋法。

所谓直接填埋法是将垃圾填入已预备好的坑中盖上压实，使其发生生物、物理、化学变化，分解有机物，达到减量化和无害化的目的的方法。

天津市在水上公园南侧用垃圾堆山，营造人工环境，变害为利，工程占地近 80 万平方米，以垃圾与工程废土按 1：1 配合后作为堆山土源使用，对于渗滤液和发酵产生的沼气和山坡的稳定性等问题，都采取了必要的措施处理。

美国堪萨斯城是一个不大的城市，人口不多，城市周围是广阔的乡村，政府在远离城市的一块丘陵山地的低洼处选建填埋场。为了防止二次污染，采取如下措施：在底部和周围铺有防渗层；分层铺放，即堆放一层垃圾，然后盖土压实，根据介绍，有些垃圾堆放层还安装导气和导水管道，可将产生的沼气利用起来。

日本东京都江东区有一片树林浓密、花草繁茂的土地，人们称为"梦岛"，梦岛全部都是用垃圾填海形成的。

但是，我国许多城市的垃圾仍大多采取露天堆放，没有任何防护措施。每一个垃圾堆放场都成了一个污染源，蚊蝇滋生，老鼠成灾，臭气漫天，大量垃圾污水由地表渗入地下，对城市环境和地下水源造成严重污染。沈阳市曾经对 35 处填埋场中的 10 处进行钻探取样，分析垃圾断层样品和地下水水质，分析结果发现：

（1）地下水水质恶化，污染严重，水混浊发臭，水中均检出厌氧大肠杆菌。

（2）垃圾断层样品均检出有毒有害物质。

上海市每天有万吨垃圾运往郊区海边堆放，一座座高达二三十米的垃圾山拔地而起，造成周围环境的严重污染。

填埋处理方法是一种最通用的垃圾处理方法，它的最大特点是处理费用低、方法简单，但容易造成地下水资源的二次污染。随着城市垃圾量的增加，靠近城市的适用的填埋场地越来越少，开辟远距离填埋场地又大大提高了垃圾排放费用，这样高昂的费用城市无法承受。

10 你知道塑料合金吗？

塑料合金是利用物理共混或化学接枝的方法而获得的高性能、功能化、专用化的一类新材料，分为通用塑料合金和工程塑料合金。塑料合金产品可广泛用于汽车、电子、精密仪器、办公设备、包装材料、建筑材料等领域。它能改善或提高现有塑料的性能并降低成本，已成为塑料工业中最为活跃的品种之一，数量增长十分迅速。

目前世界塑料合金产品的最大用户是汽车部件，其次是机械和电子元器件。从日本主要工程塑料合金需求结构中可以看出，汽车用塑料合金占62%，电子电气及办公自动化设备占20%，一般精密机械占6%，医疗、体育及其他占12%。从地区来看，目前北美是最大的塑料合金消费地区，占45%；其次是欧洲，占34%；亚洲和太平洋地区占21%。在北美，PPO（聚苯醚）合金占塑料合金需求总量的25%以上，其中尤以PPO/PA（聚酰胺）、PPO/PET（聚对苯二甲酸乙二醇酯）和PPO/PBT（聚对苯二甲酸丁二醇酯）合金的需求量最大；PC（聚碳酸酯）合金占总需求量的12%以上。

由于我国塑料合金市场需求量很大，又主要依靠进口，因此发展塑料合金生产、提高国产树脂的竞争力和国内塑料加工的水平十分重要和必要，尤其是发展利润较高、市场增长较快的工程塑料合金品种，是当前我国塑料合金业的当务之急。

11　你知道微塑料吗？

微塑料，是指粒径很小的塑料颗粒以及纺织纤维。现在学术界对于微塑料的尺寸还没有达成共识，通常认为粒径小于5毫米的塑料颗粒为微塑料。微塑料这一概念是在 2004 年发表的一篇 Science 的文章 "*Lost at Sea: where is all the plastic* ？" 中首次提出。微塑料体积小，这就意味着更高的比表面积（比表面积指多孔固体物质单位质量所具有的表面积），比表面积越大，吸附污染物的能力越强。首先，环境中已经存在大量的多氯联苯、双酚 A 等持久性有机污染物，一旦微塑料和这些污染物相遇，正好聚集形成一个有机污染球体。微塑料相当于成为污染物的坐骑，二者可以在环境中到处游荡。

目前已知的海洋中微塑料的来源包括陆源垃圾、化妆品行业、纺织和服装业、塑料制造、旅游业、船体运输、自然灾害和农业生产等，一个地区的微塑料往往有多种来源。其中陆源垃圾的贡献可能是最大的，根据 Jenna R. Jambeck 等的估算仅 2010 年就有 480 万 ~1 270 万吨塑料垃圾由于管理不善进入海洋，而且按照目前的发展趋势，如果垃圾管理的基础设施建设水平没有提高，到 2025 年累积入海的塑料垃圾预计会增加一个数量级，这些塑料垃圾在海洋中会不断降解为微塑料，因此陆源垃圾对海洋微塑料的贡献无疑是不可忽视的。

在 2014 年召开的首届联合国环境大会上，塑料垃圾污染被列为全球亟待解决的十大环境问题之一。2015 年召开的第二届联合国环境大会上，微塑料污染被列入环境与生态科学研究领域的第二大科学问题，并成为与全球气候变化、臭氧耗竭和海洋酸化并列的重大全球环境问题。

由于具有很高的迁移性，微塑料已经在海洋中普遍存在，包括极地地区、海岛、大陆架和深海大洋底部。微塑料一旦在海洋中存在和形成便开始了迁移过程。大多数合成聚合物的密度小于

海水，漂浮或者悬浮在海洋中，在海水中进行迁移。也有部分聚合物的密度大于海水，这部分微塑料进入海洋后会向海底沉降，通过底层流进行运输。微塑料在环境中会发生变化，如吸附污染物、附着微生物和植物等，这些变化会改变微塑料的密度，影响微塑料的迁移。微塑料在不同环境介质之间会发生转移，风和地表径流可以将微塑料从陆地转移到水环境中，河流对微塑料从淡水生态系统进入海洋的迁移作用则更为明显。潮汐对微塑料在海岸和海洋之间的迁移有重要作用，一方面潮汐能将海岸上的塑料垃圾迁移入海，另一方面也可能会使海洋中的微塑料重回海岸。此外，生物摄取也在很大程度上带来微塑料的迁移，目前在贻贝、蟹类和乌龟等生物的体内都发现了微塑料的存在。

12 如何辨别塑料和塑胶？

在行业人眼里，塑料和塑胶是一种东西。以前，国内的工厂都叫塑料厂，而港台地区则称塑料厂为塑胶公司。目前国内的一些企业为了与外商沟通方便，基本上也都挂"塑胶"有限公司的牌子。塑胶不能从字面理解为塑料和橡胶。

13 如何辨别塑料和树脂？

树脂通常是指受热后有软化或熔融范围，软化时在外力作用下有流动倾向，常温下是固态、半固态，有时也可以是液态的有机聚合物。广义地讲，可以作为塑料制品加工原料的任何聚合物都称为树脂。

塑料是指以树脂（或在加工过程中用单体直接聚合）为主要成分，以增塑剂、填充剂、润滑剂、着色剂等添加剂为辅助成分，在加工过程中能流动成型的材料。

由此可见，树脂是塑料的原材料之一，塑料是树脂的成品。或者说，未成型的是树脂，成型后为塑料。

14 **如何辨别塑料和橡胶？**

简单地说，塑料与橡胶最本质的区别在于塑料发生形变时塑性变形，而橡胶是弹性变形。换句话说，塑料变形后不容易恢复原状态，而橡胶相对来说就容易得多。塑料的弹性是很小的，通常小于100%，而橡胶可以达到1 000%甚至更多。绝大多数塑料成型过程完毕，产品过程也就完毕；而橡胶成型过程完毕后还需要硫化过程。

塑料与橡胶同属于高分子材料，主要由碳和氢两种原子组成，另有一些含有少量氧、氮、氯、硅、氟、硫等原子，其性能特殊，用途也特殊。在常温下，塑料是固态，很硬，不能拉伸变形。而橡胶硬度不高，有弹性，可拉伸变长，停止拉伸又可恢复原状。这是由于它们的分子结构不同造成的。另一不同点是塑料可以多次回收重复使用，而橡胶则不能直接回收使用，只能经过加工制成再生胶，然后才可用。

15 "生物降解塑料"真的是你理解的"可降解"吗?

国内说的可降解塑料一般分为两种。一种是非全降解塑料。一般为 PE＋淀粉或 PE＋崩解剂的组成,很多公司在销售。这种材料在使用后淀粉的部分会很快分解,但 PE 的部分还是很难降解。不过,由于淀粉分解后在材料中留下了空隙,在一定程度上可以加快 PE 的降解。崩解剂也不能使 PE 完全降解,只是在使用后使薄膜碎裂成小块。因此,这种材料不能称为降解材料,根据我国标准《降解塑料的定义、分类、标志和降解性能要求》(GB/T 20197—2006)的规定,其并不在列。这种材料价格一般很便宜,与现有的 PE 价格差异不大。另外一种是全降解塑料。一般分为聚羟基酸、聚二酸二醇两类。聚羟基酸包括 PLA、PHV、PHBV 等等。聚二酸二醇包括 PBS、PBSA、PBAT 等。可以直接做成塑料袋的有 PHBV、PBS、PBSA、PBAT 以及改性过的 PLA 等。这类材料普遍比较贵,通常要 4 万 ~6 万元 / 吨,国内消费者比较难接受。为了降低成本,也有厂商在这类材料中加入淀粉等物质,但性能会有降低,成本的下降也不是十分明显。

但是塑料的生物降解并不是我们所想象的那样,可以彻底分解。大多数塑料制品并不能够彻底消融和分化，而只是不断地碎成更小的颗粒。因此，所谓的生物降解塑料并没有什么不同，它无法真正转化为有机成分，然后回归自然。

另外，可降解塑料的回收方式不同于传统塑料，实际却经常混入传统塑料的回收过程。一些国家的塑料再生产业对此已经表达过担忧。要分类收集"可回收"或"不可回收"塑料，"可降解"或"不可降解"塑料，单一塑料或者混合塑料，实际操作困难重重、代价巨大，同样也会对收集过程和回收材料的质量带来挑战，导致塑料回收率偏低的现状进一步恶化。

16　什么是光降解塑料？

光降解塑料是指只能被光照射后发生降解的塑料。

光降解塑料配方中所含成分主要为光降解树脂（聚合物）和光降解剂（光敏剂）两大类。前一类主要由光降解聚合物与同类树脂共混组成，后一类主要由少量光敏剂添加到通用塑料基材中加工组成。另外在光降解塑料中还存在一定的光降解调节剂，主要目的是调节光降解塑料的诱导期长短，以适应不同场合的需要。光降解调节剂的作用机理是分解氢过氧化物，阻止降解发生，当其使用完毕后，降解开始发生。

光降解塑料的特点是：光降解塑料一旦埋入土中，失去光照降解过程则停止。生产工艺简单、成本低，但是降解过程中受环境条件影响大，尤其是受光照条件影响最大，使其降解时间因环境变化而难以预测。

光降解塑料主要有两种发展方向：共聚型可降解塑料和添加型光降解塑料。

（1）共聚型可降解塑料

1970 年加拿大多伦多大学 Guillet 教授研究了含羰基单体或一氧化碳与烯类单体共聚，合成了含羰基的光降解塑料，这些塑料吸收紫外光后通过 Norrish 反应而降解。

1983 年加拿大埃克塑料（Ecoplastics）有限公司应用 Guillet 的方法，由烯类单体与乙烯基酮共聚，生产了一系列的光降解聚烯类树脂，其商品名为"Ecolet"。这种 Ecolet 系列共聚物是作为光降解母料与同类树脂共混加工成的热塑性塑料。

1987 年美国杜邦、联合碳化物公司和道化学公司商品化生产 E/CO 聚合物，它是以乙烯和一氧化碳共聚而成，其中一氧化碳含量不超过 2%。

（2）添加型光降解塑料

1971 年英国 Aston 大学 Scott 教授研究了一种金属有机络合物类光敏剂，其中二硫代氨基甲酸铁和二丁基二硫代氨基甲酸铁已商业化生产，其产品适于户外使用。Scott 教授和以色列塑料技术大学 Gilesd 博士还研究了一种光敏添加剂，能够更加准确地控制塑料的降解过程，其产品成为定时光降解塑料，商品名为 Plastigone。

1974—1975 年，日本积水化学公司和美国生物降解塑料公司用有机光敏剂生产光降解 PS 塑料，其商品名分别为 Eslen

和 Bio-Degradable Concentrate。两者都是在 PS 树脂中加入二苯甲酮或蒽醌类光敏剂而制得的。

我国在 20 世纪 80 年代也开始了光降解塑料的研究工作。上海石化总厂塑料厂和中国科学院上海有机化学研究所共同研制了十多种 LC 系列的光敏型地膜。光敏剂主要用有机铁络合物、含羰基化合物和二茂铁衍生物。

1988 年中国科学院长春应用化学研究所也成功研究出一种以卤化铁化合物为光敏剂的光降解塑料薄膜，他们以 LLDPE 为基材，Fe(F)x 和 Fe(I)x 两种铁络合物为光敏剂，并加抗氧化剂、过氧化剂、分解剂和光稳定剂组成稳定的符合组分配方体系，可有效调节制品的试用期和控制光降解反应开始脆化所需的时间，使制品具有可控光降解的特性。

据粗略统计，美国光降解塑料销量 1989 年为 29 万吨，1994 年增至 61 万吨，至 2000 年突破 100 万吨。到 20 世纪末，我国有 7 个省、3 个直辖市，近 10 所院校、20 多个国营和民办科研实体在从事该项技术的研究开发工作，但生产量不大。

总体来说，世界光降解塑料的研究始于 20 世纪 70 年代，80 年代经历了较大的起伏，90 年代以后进入了比较求实和稳定的发展阶段。由于光降解塑料降解受环境条件影响大，尤其是受光照影响大、无光无法降解，在 20 世纪 90 年代经过大规模示范推广后，难以获取市场认可和用户肯定，已经被市场淘汰。

17 什么是淀粉基降解塑料?

淀粉基降解塑料,是淀粉经过改性、接枝反应后与其他聚合物共混加工而成的一种塑料产品,在工业上可以代替一般通用塑料等,可以用作包装材料、地膜、防震材料、食品容器、玩具等。

经过特殊改性的天然淀粉可以用于淀粉基降解塑料的生产,目前淀粉基降解塑料主要有三类,分别是淀粉填充塑料,即利用改性淀粉填充 PE、PP 等通用塑料;淀粉共混塑料,即多为凝胶化淀粉与 PE 共混生产塑料;全淀粉塑料,即使淀粉分子变构而无序化,形成具有热塑性能的淀粉树脂而生产全生物降解塑料。

经过反复争论和多年实践,人们发现淀粉基降解塑料的优势在于:具有可再生性的淀粉为塑料的生产提供了广泛的原材料;塑料中的淀粉在各种环境中都具有完全的生物降解能力;塑料中的淀粉分子降解或灰化后,形成二氧化碳和水,不对土壤和空气产生毒害,具有生物环保性。

淀粉基降解材料主要存在耐水性差、二次污染、降解不可控的问题,随着研究的不断深入以及技术的不断改进,通过提高材料的淀粉含量、对淀粉进行耐水性等性能的改性的方法,淀粉基降解材料上述问题已经得到很大程度地改善,并逐步应用到产业化当中。

目前淀粉塑料的力学性能已经基本达到传统塑料的标准，但因淀粉本身具有吸水性，所以在潮湿环境中材料会吸水导致力学性能严重下降，且淀粉含量越高，问题越严重，有些淀粉塑料甚至能完全溶于水。

18 什么是生态塑料？

生态塑料是指将传统塑料转变成可在自然环境中生物降解的环境友好材料，降解后的产物是二氧化碳、水和腐殖质。生态塑料产品集氧化降解和生物降解的优势于一身，具有不浪费粮食、降解性能优良、综合使用成本低、产品使用性能好的技术特点，因此愈来愈受到市场的认可。

生态塑料的出现，不仅克服了光催化在无光或光照不足时不易降解的缺陷，还克服了其他降解塑料加工复杂、成本高、不易推广的弊端，在工农业生产、人民生活的各领域均可大面积推广应用，具有环境普适性，因此受到广泛关注。

同时，由于生态塑料技术与传统塑料加工工艺有着良好的技术兼容性，因此不需要进行设备改造和增加额外投入，利用传统生产设备和生产工艺化"白色污染"为"生态资源"。凭借这种核心竞争力，生态塑料技术正在引领传统塑料行业悄然进行一场成本最低但意义深远的"绿色革命"。同时，生态塑料制品在生产过程中无"三废"排放，从源头上做到真正的环保，由此产生的经济效益和社会效益均十分显著。

目前，公司生态塑料技术趋于成熟稳定，市场应用进一步扩大，生态塑料相关产品已经覆盖农业生产、商业零售、快递物流、食品加工、餐饮配套、医疗卫生等领域，相关产品自投放市场以来产生了巨大的经济效益、社会效益和生态效益。

19　塑料为什么会老化?

塑料是一种高分子的聚合物。例如，聚乙烯是由很多的乙烯分子，"手拉手"联结起来的产物；聚氯乙烯是由很多氯乙烯的分子，你拉着我，我拉着他，连接在一起变出来的。

氯乙烯的分子为什么会携起手来呢? 说来挺有趣，氯乙烯分子中的碳原子是两只"手"互相拉起来的。如果我们加入少量的催化剂，它们当中有一只"手"就会分开，而与另一个氯乙烯分子中的碳原子拉起"手"来。这样氯乙烯就一个分子"咬"着一个分子，连成长长的链，这也就是化学上说的"聚合"。

氯乙烯分子按这种方式聚合起来后，就形成一个链状的大分子，很多这样的大分子集合起来，就是我们通常所看到的白色粉末状的聚氯乙烯树脂。聚氯乙烯是能刚能柔的物质。它之所以很硬，是分子"咬"分子的那个"关节"，结合得很紧。如果在这个"关节"上加上一些"润滑油"，"关节"活动了，它就变成柔软的物质了。

"润滑油"是什么呢？就是有的塑料工业上所说的增塑剂。冬天，天气很冷，有的增塑剂不耐寒，它的"润滑"本领降低了，塑料中的"关节"转动不灵，所以就变硬。天气暖了，增塑剂恢复了"润滑"的本性，"关节"活动自如，塑料也就软了。

有些增塑剂是挥发性的。塑料制品用久了，塑料中的"润滑油"跑掉了，"关节"不灵了，当然也会变硬。常常用水和肥皂洗涤塑料制品，或是让塑料制品接触油，会使增塑剂受到损失，塑料也会变硬。

塑料制品使用久了，也会变硬。这除了由于增塑剂挥发，使分子间的活动"关节"不灵以外，还因为互相"咬"着的长链分子，受到风雨、太阳等自然力的作用后，会使长链分子断裂成短链分子，塑料也就变硬了。在塑料工业学上，把这种现象称为"老化"。

20　塑料能导电吗？

1975 年，美国费城的艾伦教授到日本访问，当他参观东京技术学院时，在一个实验室的角落里，看见一种奇异的薄膜，又像塑料但又闪着金属的银光。于是，艾伦教授停下来好奇地询问，陪同的白川教授不以为然地说："那是一件废品！"白川教授介绍，这是一个外国留学生做高分子聚合实验时，由于没有听清楚要求而做出这种莫名其妙的废品。白川教授把它展示在实验室的角落里已经 5 年，作为不按照导师要求而发生"事故"的见证。

艾伦教授面对着这一件"废品"，思索片刻后毅然停止了参观，坚持要求面见出"事故"的学生，详细询问了实验的全过程。当他得知这有机银光薄膜还真有些导电性能时，一个灵感的火花迸发了出来：能不能发明一种能导电的塑料呢？

这是一个有悖常理的大胆的设想。自从发明第一种塑料以来，各种塑料都是绝缘体，这已成定论。艾伦教授却独具慧眼，当即邀请白川教授和另一位教授到美国共同研究。他们用先进的设备进行了大量研究试验，并且利用精密电脑记录分析。在经过无数次的失败后，当有一次将微量的碘加入一种聚乙炔时，奇迹发生了，银光塑料的导电性能一下子提高了千万倍，真正成了金属般的导电塑料。这一成果公布后，在全世界引起了巨大的反响，三位科学家共同获得了诺贝尔化学奖。

21　塑料瓶底有什么秘密？

每个塑料的器皿在底部都有一个数字（它是一个带箭头的三角形，三角形里面有一个数字）。这些数字有什么意义呢？

（1）"1号"聚酯　　矿泉水瓶、碳酸饮料瓶

使用：耐高温至65℃，耐低温至−20℃，只适合装热饮或冷饮，装高温液体或加热则易变形，有对人体有害的物质溶出。因此，饮料瓶等用完了就丢掉，不要再用来作水杯，或者用来做储物容器盛装其他物品，以免引发健康问题得不偿失。

（2）"2号"高密度聚乙烯　　清洁用品、沐浴产品

使用：可在小心清洁后重复使用，但这些容器通常不好清洗，残留原有的清洁用品，变成细菌的温床，最好不要循环使用。

（3）"3号"聚氯乙烯　　目前很少用于食品包装，最好不要购买

使用：这种材质高温时容易有有害物质产生，甚至连制造的过程中它都会释放有害物质，有害物质随食物进入人体后，可能引起乳腺癌、新生儿先天缺陷等疾病。目前，这种材料的容器已经比较少用于包装食品。使用过程中千万不要让它受热。

（4）"4号"低密度聚乙烯　　保鲜膜、塑料膜等

使用：耐热性不强，通常，合格的聚乙烯保鲜膜在温度超过110℃时会出现热熔现象，会留下一些人体无法分解的塑料制剂。并且，用保鲜膜包裹食物加热，食物中的油脂很容易将保鲜膜中的有害物质溶解出来。因此，食物入微波炉，先要取下包裹着的保鲜膜。

（5）"5号"聚丙烯　　微波炉餐盒、保鲜盒

使用：因微波炉餐盒一般使用微波炉专用聚丙烯，微波炉专用聚丙烯耐高温至120℃，耐低温至−20℃，是可以放进微波炉的塑料盒，可在小心清洁后重复使用。需要特别注意的是，一些微波炉餐盒，盒体的确以5号聚丙烯制造，但盒盖却以1号聚酯

制造，由于聚酯不能抵受高温，故不能与盒体一并放进微波炉。为保险起见，容器放入微波炉前，先把盖子取下。

（6）"6号"聚苯乙烯　　碗装泡面盒、快餐盒

使用：又耐热又抗寒，但不能放进微波炉中，以免因温度过高而释出化学物（70℃时即释放出），会分解出对人体不好的苯、甲苯等，容易致癌。因此，您要尽量避免用快餐盒打包滚烫的食物。

（7）"7号"其他塑料　　PC及其他类：水壶、水杯、奶瓶

使用：被大量使用的一种材料，尤其多用于奶瓶中，因为含有双酚A而备受争议。香港城市大学生物及化学系副教授林汉华称，理论上，只要在制作PC的过程中，双酚A百分百转化成塑料结构，便表示制品完全没有双酚A，更谈不上释出。只

是，若有小量双酚 A 没有转化成 PC 的塑料结构，则可能会释出而进入食物或饮品中。因此，人们在使用此塑料容器时要格外注意。

第二章

塑料生活

22　塑料对健康有什么影响？

　　人们的生活已经离不开塑料制品，但塑料制品是否对健康产生影响却一直饱受质疑。从目前的研究来看，正确地使用安全、正规的塑料制品，对人体健康是没有影响的。首先，要选择正规厂家生产的塑料制品，这种产品可追溯、有监管，质量一般能得到保证。其次，在使用过程中，一定按照规定的用途使用，例如，不用矿泉水瓶接热水等。但如果废弃塑料制品得不到妥善处理，变成微塑料进入食物链，将会对人体健康造成极大的影响。

　　塑料对环境的影响已经毋庸置疑。"白色污染"主要指对环境造成的"视觉污染"和"潜在危害"两个负面效应。"视觉污染"是指散落在城市中、人们随手丢弃的塑料废弃物对市容、景观的破坏。例如，散落在铁道两旁、江河湖泊中大量聚苯乙烯发泡塑料餐具和漫天飞舞或挂在枝头上的超薄塑料袋，这些都给人们带来不好的视觉刺激。"潜在危机"是指塑料废弃物进入自然环境而难以降解带来的环境问题，其危害主要包括以下几点：一是不易回收，因为回收再利用的成本高，但利用率低，商家可以说是无利可图，而且由于它的回收价格很低，很难吸引广大市民进行"白色回收"工作。所以，导致塑料不易回收的现象发生。二是难以降解。回收回来的白色废弃物不易处理。现阶段塑料废弃物主要处理方法有焚烧和填埋，若将其焚烧，则会产生大量的有毒烟雾，污染大气，并且促使酸雨的形成；至于填埋，将其填埋100年，还是原状，无法被自然所吸收且对土地有极大的危害，如改变土壤酸碱度，影响农作物吸收养分和水分，导致农业减产；至于抛弃在水里或陆地上的塑料制品，不仅影响环境，而且若被动物吞食，则会导致其死亡，这样就破坏了生态平衡。三是高温会将塑料分解出有害物质，塑料制品本无有害物质，但因为它的回收再利用的设备不够完善，工艺简陋，而且许多厂家无合法营业执照，导致再生产的塑料制品在温度达到65℃时，有害物质就会析出并且渗入食品中，会对肝、肾、生殖系统及中枢神经等人体重要部位造成危害。

23 塑料是如何运用到生活中来的？

第一种完全合成的塑料出自美籍比利时人列奥·亨德里克·贝克兰，1907年7月14日，他注册了酚醛塑料的专利。

贝克兰是鞋匠和女仆的儿子，1863年生于比利时根特。1884年，21岁的贝克兰获得根特大学博士学位，24岁时他就成为比利时布鲁日高等师范学院的物理和化学教授。1889年，刚刚娶了大学导师的女儿，贝克兰又获得一笔旅行奖学金，到美国从事化学研究。

　　在哥伦比亚大学的查尔斯·钱德勒教授的鼓励下，贝克兰留在美国，为纽约一家摄影供应商工作。他几年后发明了 Velox 照相纸，这种相纸可以在灯光下而不是必须在阳光下才能显影。1893 年，贝克兰辞职创办了 Nepera 化学公司。

　　在新产品冲击下，摄影器材商伊士曼·柯达吃不消了。1898 年，经过两次谈判，柯达方以 75 万美元（相当于 2013 年 1 500 万美元）的价格购得 Velox 照相纸的专利权。不过柯达很快发现配方不灵，贝克兰的回答是：这很正常，发明家在专利文件里都会省略一两步，以防被侵权使用。柯达被告知，他们买的是专利，但不是全部知识。又付了 10 万美元，柯达方知秘密在一种溶液里。

　　掘得第一桶金，贝克兰买下了纽约附近扬克斯的一座俯瞰哈德逊河的豪宅，将一个谷仓改成设备齐全的私人实验室，还与人合作在布鲁克林建起试验工厂。当时刚刚萌芽的电力工业蕴藏着绝缘材料的巨大市场。贝克兰嗅到的第一个机会是天然的绝缘材料虫胶价格的飞涨，几个世纪以来，这种材料一直依靠南亚的家庭手工业生产。经过考察，贝克兰把寻找虫胶的替代品作为第一个商业目标。当时，化学家已经开始认识到很多可用作涂料、黏合剂和织物的天然树脂和纤维都是聚合物，即结构重复的大分子，他们开始寻找能合成聚合物的成分和方法。

　　不同的是，赛璐珞来自化学处理过的胶棉以及其他含纤维素的植物材料，而酚醛塑料是世界第一种完全合成的塑料。贝克兰将它用自己的名字命名为"贝克莱特"（Bakelite）。他很幸运，英国同行詹姆斯·斯温伯恩爵士只比他晚一天提交专利申请，否则英文里酚醛塑料可能要叫"斯温伯莱特"。1909 年 2 月 8 日，贝克兰在美国化学协会纽约分会的一次会议上公开了这种塑料。

假冒酚醛塑料的出现还使贝克兰很早就在产品上采用了类似今天"Intel Inside"的真品标签。1926 年专利保护到期，大批同类产品涌入市场。经过谈判，贝克兰与对手合并，拥有了一个真正的酚醛塑料帝国。

作为科学家，贝克兰可谓名利双收，他拥有超过 100 项专利，荣誉职位数不胜数，死后也位居科学和商界两类名人堂。他身上既有科学家少有的商业精明，又有科学家太多的生活迟钝。除了电影和汽车，他最大的爱好是穿着衬衫、短裤流连于游艇"离子号"上。不过据说他只有一套正装，而且总是穿一双旧运动鞋。为了让他换套行头，身为艺术家的妻子在服装店挑了一件 125 美元的英国蓝斜纹哔叽套装，预付了店主 100 美元，要他把这套衣服陈列在橱窗里，挂上一个 25 美元的标签。当晚，贝克兰从妻子口中获悉这等价廉物美的好事，第二天就把这件衣服买了下来。回家路上碰到邻居、律师萨缪尔·昂特迈耶，贝克兰的新衣服立刻被对方以 75 美元买走，成为他向妻子显示精明的得意事例。

1939 年，贝克兰退休时，儿子乔治·华盛顿·贝克兰无意从商，公司以 1 650 万美元（相当于今天 2 亿美元）出售给联合碳化物公司。1945 年，贝克兰死后一年，美国的塑料年产量就超过40 万吨，1979 年又超过了工业时代的代表——钢。

24 生活中哪些产品含有塑料？

　　生活中的塑料制品随处可见，塑料袋、塑料瓶、塑料盆等，这些都是人们熟知的塑料制品。而有一些生活用品中，其实也是含有塑料的，由于不是直接呈现塑料形态，所以被很多人忽视了。

　　（1）洗衣水中的合成纤维

　　合成纤维如聚丙烯腈、聚酯等制成的衣物，每洗一次会释放数以千计的纤维微粒。洗涤合成纤维制成的衣服可产生约 1 900 粒 / 件

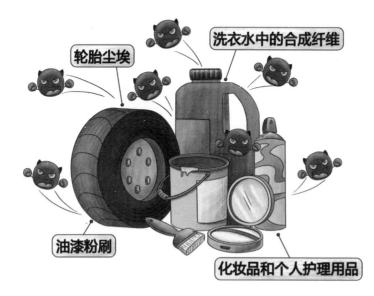

的微塑料纤维，或产生大于 100 粒 / 升的微塑料废水。据估计，每年约有 100 万吨的合成纤维颗粒排入污水中，而其中超过一半会避开污水处理系统而直接排入环境中。

（2）轮胎尘埃

车辆每行驶 100 公里，丁苯橡胶轮胎就会因磨损释放出超过 20 克的橡胶飞尘。在挪威，平均每年每人会产生 1 千克的道路尘埃。这些飞尘会通过降水等形式进入污水处理系统，排入环境水体中。

（3）油漆粉刷

据估计，涂刷道路标线、喷涂船舶、粉刷房屋等产生的微塑料占海洋微塑料污染的 10%。

（4）化妆品和个人护理用品

需轻柔摩擦使用的化妆品和个人护理品是微塑料的一个重要污染来源，如肥皂、手和脸部清洁剂、牙膏、沐浴露、除臭剂、洗发精等。这些产品中的微粒通常小于 300 微米。荷兰、美国、德国等国家已制定政策减少化妆品中塑料成分的使用。

25 算算你每天要吃进去多少塑料？

微塑料颗粒无法被污水处理厂过滤，导致这些物质直接流入河流、湖泊和大海，造成对水体的污染。美国科学公共图书馆一则报道称，海洋受到超过 5 万亿个、重 25 万吨的塑料制品的污染。美国曾发布研究报告称，每天约有 8 万亿个塑料微粒进入美国水体，覆盖面积相当于 300 个网球场。

塑料微粒的尺寸与浮游生物接近，非常容易成为海虫、鱼类、贝类和虾蟹的食物，并在它们体内积聚。比利时根特大学的研究员发现，在每 2 克贝类组织中就有 2 个塑料微粒。加利福尼亚西南渔业科学中心的 Joel E. Van Noord 发现，生活在菲律宾海的灯笼鱼中，有 40% 的胃里面有塑料微粒。

塑料微粒还会像吸铁石一样吸附少量的有害物质，比如农药，使它们积聚在自己表面。以这样一种形式，有害物质进入了食物链，并最终流向我们的餐桌。

2012 年 7 月，在台风"文森特"的影响下，一艘货船上超过 150 吨的塑料球在香港附近沉入海中。短短三周后，香港农业、渔业和保护署（AFCD）便采集了鱼类样本，以追踪塑料球的去向。他们不仅在鱼类的肠道组织中找到了塑料微粒，还发现了其他有害物质。

2015 年 10 月，美国"科学美国人"网站的一则关于"中国食盐中有塑料微粒"的报道引起了国内外的广泛关注。报道中指出，华东师范大学河口海岸科学研究院某团队，在中国 15 个品牌的食盐中发现了用于生产普通塑料水瓶的 PET、聚乙烯等多种塑料成分。其中塑料含量水平最高的是海盐，研究人员经过测量，得出每一磅（约合 0.45 千克）的海盐中存在 1 200 多粒塑料微粒。研究团队还发现，从盐湖、盐井和盐矿中生产出的食盐，虽然塑料微粒含量相对较低，但也在每磅 15 ~ 800 粒。

26 你注意过生活中的
塑料餐具吗?

塑料碗筷,也称为仿瓷餐具、密胺餐具。密胺树脂就是三聚氰胺–甲醛树脂,是一种塑料,但属于塑料中的热固性塑料。该塑料的一大优点就是容易着色,且颜色非常漂亮,综合性能比较好。所以很多餐厅和家庭都选择塑料碗筷作为日常餐具。

密胺餐具,虽然属于高分子产物,但是其单体是甲醛和三聚氰胺,经过化学反应制成。不过,有资料显示,密胺餐具也不是100%的安全,因为三聚氰胺被认为具有轻微的毒性,在使用或生产过程中,如果密胺餐具的工艺成熟、合格,是可以放心使用的。而生产工艺差,导致产品不合格,则容易释放有害物质。

此外,密胺餐具在用于微波炉、高温蒸煮食物时,也存在释放有害物质的可能性。所以密胺餐具虽然耐腐蚀、耐高温,但使用过程中仍然需要避免强酸、强碱、高温环境,避免长时间存放油性、碱性或酸性食物。

在购买塑料碗筷时,人们应注意以下几点。

(1)购买场合要正规,如大型的超市、商场,通常这些场合的产品有质量合格证。

(2)认准质量安全标志。密胺餐具通常以"MF"代替,脲醛树脂通常以"UF"代替。盛放食物的餐具选择 MF，盛放非食物或当成果盘，可选择 UF。

（3）看清使用温度。盛放食物的密胺餐具，使用温度最高可达 120℃。同时，餐具上也会注明由 100% 密胺制成，或注明用料为"A5"。

（4）不建议选用颜色鲜艳的餐具，尤其是带有印花图案的餐具。最好选择浅色的密胺餐具。

（5）避免选择变形餐具，同时使用之前最好能够用热水消毒，或用醋浸泡几小时。

27 塑料袋的使用有什么危害?

塑料袋的确给我们生活带来了方便，但是这一时的方便却带来长久的危害。

塑料袋回收价值较低，在使用过程中除了散落在城市街道、旅游区、水体中、公路和铁路两侧造成"视觉污染"外，它还存在着潜在的危害。塑料结构稳定，不易被天然微生物菌降解，在自然环境中长期不分离。这就意味着塑料垃圾如不回收，将在环境中变成污染物永久存在并不断累积，会对环境造成极大危害。

（1）影响农业发展。废塑料制品混在土壤中不断累积，会影响农作物吸收养分和水分，导致农作物减产。

（2）对动物生存构成威胁。抛弃在陆地上或水体中的废塑料制品，被动物当作食物吞入，导致动物死亡。某年青海湖湖畔有 20 户牧民共有近千只羊因此致死，经济损失约 30 多万元。羊喜欢吃塑料袋中夹裹着的油性残留物，却常常连塑料袋一起吃下去了，由于吃下的塑料长时间滞留胃中难以消化，这些羊的胃被挤满了，再也不能吃东西，最后只能被活活饿死。这样的事在动物园、牧区、农村、海洋中屡见不鲜。

28 塑料瓶盖一般是什么材质?

从材质上讲塑料瓶盖一般分为 PP 类和 PE 类。PP 料类:多用于气体饮料瓶盖垫片及瓶盖使用,耐热不变形,表面强度高,化学稳定性好,缺点是韧性差,低温条件下易脆化,由于抗氧化性差,也不耐磨。这种材质的瓶盖多用于果酒、碳酸饮料瓶。

PE 料类:多用于热灌装瓶盖及无菌冷灌装瓶盖,这种材质无毒,有较好的韧性和耐冲击性,也易于成膜,耐高低温,环境应力开裂性能较好,缺点是成型收缩大,变形厉害。现在市场上很多的植物油、玻璃瓶装的麻油等瓶盖多是用的这种材质。

塑料瓶盖子一般分垫片型和内塞型,按生产工艺分为压塑和注塑两种。尺寸多为 28 牙、30 牙、38 牙、44 牙、48 牙等。齿数分为 9 及 12 的倍数。防盗环多分为 8 扣、12 扣等。结构多为分离连接式(也叫连桥式)和一次成型式。用途一般分为气体瓶盖、耐热瓶盖及无菌瓶盖等。

由于塑料材质成本低廉,集很多材料的优点于一身,一定程度上也受到包装容器材料厂的欢迎,但是由于其结构的变化性能还不十分明确,在一些食品包装领域的应用上还需斟酌,但随着科学技术的发展,塑料盖在食品包装领域的应用会越来越广泛。

29 增塑剂有什么危害？

增塑剂，是添加到塑料聚合物中增加塑料的可塑性的加工助剂。增塑剂中最常使用的是邻苯二甲酸二酯，它主要用在聚氯乙烯塑料制品中，如保鲜膜、食品包装、玩具、导管、输液袋等。

过去，人们一直认为增塑剂类化合物毒性低，具有良好的理化特征，且生产方便，价格低廉，因此几乎不加限制地生产和使用。目前，我国已经成为增塑剂使用大国，每年约生产30多万吨增塑剂。

科研人员发现，增塑剂的急性毒性很低，人体摄入后短时间内几乎没有急性中毒的表现，但这并不意味着它是安全的，相反，其慢性毒性对人体的危害相当大。国外的动物研究结果表明，增塑剂可导致动物存活率降低、体重减轻、肝肾功能下降、血红细胞减少，具有致突变性和致癌性。

专家介绍，含有邻苯二甲酸二辛酯增塑剂的聚氯乙烯塑料制品在与人类医疗、生活相关的领域中应用也很广，而且很难用其他材料来全部取代。如乳胶手套，血浆袋，一部分输血、输液、呼吸用具，以及儿童玩具、人造革（用作服装、鞋料、手提包、沙发面料等）中，聚氯乙烯塑料制品占有很大比例。一些发达国家已对这些产品中使用的增塑剂和其他助剂有了严格的规定或相应的建议，而我国的医用手套、血浆袋的主增塑剂仍为邻苯二甲酸二辛酯。更让人担心的是，目前增塑剂污染几乎无处不在，这种化工行业最常用的原材料，随着时间的推移会慢慢从塑料制品中溢出，进入空气、土壤、水源乃至食物中。

随着增塑剂的发展和使用范围的增大，人们对其安全性日益重视。各国政府已开始意识到增塑剂对人体健康的潜在威胁，如丹麦禁止在幼儿玩具和保育用品的塑料中使用酞酸酯类增塑剂。因为幼儿大多喜欢将玩具放入口中，这样增塑剂会危害儿童健康；瑞士也禁止在儿童玩具中使用邻苯二甲酸二辛酯。

虽然各国限制增塑剂的方式不尽相同，但基本遵循两个原则：其一，限制塑料中增塑剂的使用量；其二，限制向食品中迁移的最大允许量。采用第一原则的国家有美国、德国、英国、日本等，荷兰、意大利、西班牙等国将上述两原则结合使用。

我国也制定了食品容器、包装材料用助剂的使用卫生标准，对食品容器、包装材料用助剂的品种、使用范围和最大使用量均做了规定，其中邻苯二甲酸二丁酯和邻苯二甲酸二辛酯的最大允许使用量分别是 35% 和 50%，但尚未制定食品中的最大允许含量。

30 塑料怎么影响海洋生物?

（1）塑料会阻碍海水中的光线传播。大量的微塑料漂浮在海洋表面、悬浮在各层海水中，阻碍了光线在海水中的传播，影响了水中各种生物对光线的利用，干扰了它们的正常生命活动。

（2）微塑料内部的有毒添加剂不断向海水中释放，同时又从海水中不断吸收多种疏水的有毒污染物质。海洋微塑料既是海洋污染物质的来源，又是有毒污染物质的传播载体。

（3）塑料易被动物误作为饵料摄食而进入食物链。悬浮在水体中的微塑料表面还可以吸附一些有机物，进而被一些海洋微生物和其他海洋生物附着，因此极易被各种海洋动物误作饵料吞食而进入食物链。据有关资料报道，海洋中从浮游生物到巨型蓝鲸都会摄取此类颗粒作为饵料。在北太平洋环流海域，漂浮的微塑料与浮游动物的数量比例为6：1，在一些开阔的海域，微塑料与浮游生物的比例甚至高达30：1，而且这一态势正愈演愈烈。

（4）塑料会使海洋动物营养不良。被动物误食而进入其体内的微塑料难以被排放出体内，而极易在其消化道累积，影响动物进一步摄食，从而造成海洋动物营养不良，甚至饥饿而亡。

（5）塑料会毒害各种海洋生物并祸及人类。塑料中含有的少量有毒添加剂，若任由塑料"溶解"释放进大海，由于其量小，比其他诸如重金属、有机氮磷及石油等海洋污染物，应可以忽略。但是，它们如果通过微塑料被误食，那么这些物质的毒性就大大加强。

（6）塑料会影响发生在海底沉积物界面上的生物化学过程，进而影响生物地化循环。沉积的微塑料阻碍发生在沉积物界面上的氧气和水的扩散与交换，对发生在沉积物界面上的生物化学过程造成影响，进而影响生物地化循环。

31　海洋生物"喜欢"吃塑料吗？

在捕捉的鱼类中，有三分之一的鱼腹中发现过塑料，包括我们在餐桌上经常吃到的鱼类。我们所喜爱的贻贝和龙虾也不例外。每年进入海洋的塑料，随着洋流四处转移。简单来说，所有海洋生物都吃塑料。

它们是如何吃进塑料的呢？举个例子。塑料上会长藻类，当藻类被磷虾吃掉后会释放出二甲基硫醚。被磷虾吸引来的鸟和鱼对着塑料大快朵颐，还以为自己在吃磷虾。对于海洋生物来说，塑料不仅看起来像食物，它闻起来、触碰起来包括听起来都像是食物。我们生产的塑料，形状、大小、颜色各式各样，看起来就像是不同的生物。就这样，越来越多的塑料进入了海洋生物的体内。

　　塑料对海洋生物的影响已经遍布世界各地。用于研究的 90 个甲壳类动物样本取自横跨整个太平洋的超深海沟，包括马里亚纳、日本、新赫布里底群岛和克马德克海沟。而在太平洋马里亚纳海沟底部 6.7 英里（一英里 ≈ 1609 米）的地方取样发现，几乎每一种生物都吞下了尼龙、聚乙烯和聚氯乙烯等纤维碎片。

32　海洋塑料污染影响普通人的生活吗?

地球表面 71% 是海洋,我们呼吸的氧气一半来自海洋浮游植物的光合作用,没有蓝色的海洋就没有绿色的陆地。但如今,全球每年产生的大量塑料垃圾都流向了海洋,海洋塑料污染已经成为重要的生态环境问题。对于普通人来说,如此严重的海洋塑料污染有什么影响吗?

海洋环境中的大型塑料碎片在环境中分裂、降解而成塑料微粒。作为一种新型污染物,微塑料具有稳定的化学性质,可在环境中长期存在。与传统塑料垃圾相比,微塑料具有迁移转化能力强和容易富集有毒物质等特性,且会被生物摄入而进入食物链,在食物链中转移和富集。许多海洋生物的消化系统、肌肉组织甚至淋巴系统中均发现微塑料的存在。

微塑料在海洋环境中会逐渐降解。在降解的过程中,微塑料会释放出内部的增塑剂和添加剂,如壬基酚、多溴联苯醚、邻苯二甲酸盐和双酚 A 等内分泌干扰物质。由于吸附的持久性,有机污染物如有机氯农药和多氯联苯会成为有机毒素重要的源和汇,而后通过生物摄食进入食物链,间接干扰海洋生态。如果塑化剂和其他有机污染物等随着食物链进入人体,将会对人体的健康造成影响。例如，大量摄入塑化剂可能干扰人体内分泌，影响生殖和发育；持久性有机污染物的摄入，可能会导致婴儿骨骼发育的障碍和代谢的紊乱等，而且持久性有机污染物还会影响人类的神经系统、免疫系统和内分泌系统的稳定。

33　塑料袋的颜色有什么含义？

市场上我们经常见到各种颜色的塑料袋，白色的、黑色的、淡蓝色的、淡粉色的等。不同颜色的塑料袋有什么区别呢？

塑料袋原料是本色料即透明无色的，这是全新料；如果要做成别的颜色，那就需要加色母。如果是本色透明料，就没有加入其他材料，能确保产品品质；如果加入色母，那么加入的色母不是全新料的话，一般人也看不出来。所以，用本色透明料的袋子，在卫生方面，是最可放心的。

鉴别有毒塑料袋的办法如下。

一感：无毒的塑料袋呈乳白色或无色透明，手感润滑，表面就像涂了一层蜡一样；而有毒的塑料袋颜色混浊，会呈现出黄、红、黑等不同颜色，手感也较为毛糙。

二抖：抓住塑料袋用力抖动，声音清脆的一般无毒，而声音闷涩的则大多为有毒的。

三烧：无毒的塑料袋易燃，且燃烧时会像蜡烛一样滴落，还伴有类似蜡烛燃烧的气味；有毒的塑料袋一般不易燃，火焰容易熄灭，软化能拉成丝状。

34　不同塑料燃烧的气味
　有什么不同？

名称	英文简称	燃烧情况	燃烧火焰状态	离火后情况	气味
聚丙烯	PP	容易	熔融滴落，上黄下蓝，烟少	继续燃烧	石油味
聚乙烯	PE	容易	熔融滴落，上黄下蓝	继续燃烧	石蜡燃烧气味
聚氯乙烯	PVC	难软化	上黄下绿，有烟	离火熄灭	刺激性酸味
聚甲醛	POM	容易熔融滴落	上黄下蓝，无烟	继续燃烧	强烈刺激甲醛味
聚苯乙烯	PS	容易	软化起泡橙黄色，浓黑烟，炭末	继续燃烧表面油性光亮	特殊乙烯气味
尼龙	PA	慢	熔融滴落，起泡	慢慢熄灭	特殊羊毛，指甲气味

续表

名称	英文简称	燃烧情况	燃烧火焰状态	离火后情况	气味
聚甲基丙烯酸甲酯	PMMA	容易	熔化起泡，浅蓝色，质白，无烟	继续燃烧	强烈花果臭味，腐烂蔬菜味
聚碳酸酯	PC	容易，软化起泡	有小量黑烟	离火熄灭	无特殊味
聚四氟乙烯	PTFE	不燃烧	—	—	在烈火中分解出刺鼻的氟化氢气味
聚对苯二甲酸乙二醇酯	PET	容易软化起泡	橙色，有小量黑烟	离火慢慢熄灭	酸味
丙烯腈－丁二烯－苯乙烯共聚物	ABS	缓慢软化燃烧，无滴落	黄色，黑烟	继续燃烧	特殊气味

35 输液管等医疗垃圾 都去了哪里？

针头、注射器、输液皮管、血液棉签上还留有残存的药水或血液……这些在医院经常见到的医疗垃圾都去了哪里呢？《医疗废物管理条例》第十六条明确规定：医疗卫生机构应当及时收集本单位产生的医疗废物，并按照类别分置于防渗漏、防锐器穿透的专用包装物或者密闭的容器内。所以在医院，我们会看见医生把这些废弃物放入专门的"医疗垃圾箱"。即便如此，医疗垃圾混入生活垃圾的现象仍比比皆是。不少医院的血液检测科内均未对医疗垃圾做分类说明，且未设置专门医疗废物桶收集此类医疗垃圾。大多数患者也并未意识到医疗垃圾的危害，抽完血后顺手将一次性医用棉签、棉球丢入就近的生活垃圾桶内。

　　被放入医疗垃圾桶的那部分垃圾，又去了哪里呢？《医疗废物管理条例》第三十一条指出，医疗废物集中处置单位处置医疗废物，按照国家有关规定向医疗卫生机构收取医疗废物处置费用。医疗卫生机构按照规定支付的医疗废物处置费用，可以纳入医疗成本。

　　但目前我国的医疗垃圾管理还存在不少漏洞。首先是医疗机构分类意识薄弱。依据《中华人民共和国传染病防治法》《中华人民共和国固体废物污染环境防治法》《医疗废物管理条例》等规定，医疗机构产生的五类废物具有严格区分标识，根据一般医疗废物、有害废弃垃圾、传染性垃圾、普通垃圾、锐器垃圾等不同类别须装入黄、红、白、黑等不同颜色的塑料袋或硬容器内。但目前仍有一些医疗机构未按法规要求进行严格的分类处理，他们常常将大部分医疗废物视为一般医疗废物，封存于黄色塑料袋。其次是医疗废物处置能力相对较弱。此外，医疗废物监管也不能发挥有效作用。监管部门对医疗废物管理和处置通常依法要求医疗机构限期整改，或者对其进行处罚，不能从根本上解决医疗废物处理难题。

这些漏洞导致一些不能循环使用的医疗垃圾，又"变身"其他塑料制品重现市场，给人们带来健康隐患。

36　塑料地膜残留对土壤的影响大吗？

（1）对土壤物理性质的影响

残膜滞留于农田产生的物理阻隔作用导致土壤孔隙度和容重的变化，随着残膜量的增加，土壤孔隙度呈现逐渐下降的态势，而土壤容重则逐渐上升。地膜残片使水分和空气的运行受阻，还会导致土壤含水量降低。

（2）对土壤生物及化学性质的影响

残膜在导致耕层土壤物理结构破坏的同时，还影响土壤养分的释放，导致肥力下降。大量残膜在土壤耕作层内构成的薄膜隔离层会影响微生物的活性，不利于土壤养分的矿化释放和肥力的提高。同时，由于分布于浅层土壤的残膜对水分的下渗具有物理阻隔作用，在蒸发量较大的灌区会导致农田土壤次生盐渍化。

（3）对作物生长发育及产量和品质的影响

农田残膜的机械阻隔作用及其带来的土壤物理性质的恶化会导致作物出苗困难和幼苗成活率降低。残膜对作物根系的影响主要表现为作物生长受阻，残膜量的大小影响这一作用的强弱。

37 塑料手套能隔离
有害细菌吗？

如果我们在食品店或饭馆看到服务员或师傅们戴着塑料手套处理食品，我们可能会感到欣慰，认为这样很卫生，最起码比直接用手拿食品卫生。但事实果真如此吗？科研人员在调查后发现，戴着塑料手套处理食品也许只是表面上让人看着卫生而已。

美国俄克拉何马州的研究小组在对从俄克拉荷马州和堪萨斯州快餐店购买的数百个玉米饼上的细菌数量进行研究后得出了上述结论。由俄克拉何马大学职业与环境健康教授罗伯特·林奇领导的实验小组发表的这篇论文主题是，戴上塑料手套是否真正能降低微生物在食品上滋生的可能性以及消费者会因此减少食品中毒的概率是多少。

赞成使用手套的专家认为，塑料手套将手掌和食品隔开，因此会更加卫生，因为手不断触摸钱、生食、门把手和水龙头等物品，而这些地方存在着会引起疾病的微生物的可能性。反对使用手套的人则认为，只有手套是新的，它们才会卫生，如果戴上它们只是为了让人们拥有一种放心的感觉，而不去洗手，那么即使戴上手套也无济于事。

在研究中，林奇和同事选择玉米饼作为实验对象，他们在威奇托、俄克拉何马城和塔尔萨的快餐连锁店的 140 个饭馆购买了 371 个玉米饼，每次他们只买一个。大约一半的玉米饼是从戴手套的师傅手中购买的，而其余的则是从没戴手套的师傅手中买来的。科学家将这些玉米饼密封在无菌容器中，然后将容器放到冷却器里运到微生物实验室。

在实验室中，研究人员将一小片玉米饼放入消过毒的溶液中，在营养物中进行培养，观察会长成什么样，尤其是要观察在人体存在的微生物是否会出现。令人欣慰的消息是，只有极少数玉米饼产生被测试的微生物，其中包括大肠杆菌和葡萄状球菌。

令人失望的消息是，戴手套处理的玉米饼与直接用手处理的玉米饼之间没有任何数据上的差别。用手套处理的玉米饼会使微生物增加 9.6%，而直接用手处理玉米饼则会使微生物增加 4.4%。但由于玉米饼大小有出入，因此很难证实微生物增长率的真正不同之处。

食品安全教授迪安·克利维尔表示，他对实验结果并未感到过于吃惊，因为研究结果表明，使用者在戴手套时，脏手几乎不可避免地弄脏手套外面。他说："戴手套的主要目的是让消费者感到放心，同时让检查人员挑不出任何毛病。唯一可能的例外是如果有人得了某种皮肤传染病，戴手套的作用才明显。洗手对预防疾病仍旧至关重要，正常情况下手套只是给人的内心求得一种安慰。"

38　在塑料生产车间工作，身体会受到哪些影响？

在塑料生产车间工作的常见职业伤害有：

（1）放射性物质类（电离辐射）可能导致的职业病；①外照射急性放射病；②外照射亚急性放射病；③外照射慢性放射病；④内照射放射病；⑤放射性皮肤疾病；⑥辐射性白内障；⑦放射性肿瘤；⑧放射性骨损伤；⑨放射性甲状腺疾病；⑩放射性性腺疾病；⑪放射复合伤；⑫根据《放射性疾病诊断总则》可以诊断的其他放射性损伤。

（2）甲苯可能导致的职业病：甲苯中毒；塑料制品业中涂塑、合成革发泡、塑料印花等工艺过程会接触甲苯。

（3）聚氯乙烯可能导致的职业病：聚氯乙烯中毒，塑料制品业中聚氯乙烯发泡、壁纸发泡、合成革发泡等工艺过程有接触可能。

（4）塑料粒子中可能带有微量有害气体，如：① PVC：氯乙烯；② EPS：正戊烷。

（5）可能存在的职业危害因素如氯乙烯：①急性毒性表现为麻醉作用，长期接触可引起氯乙烯病，本品为致癌物，可致肝血管肉瘤。②轻度中毒时病人出现眩晕、胸闷、嗜睡、步态蹒跚等；严重中毒可发生昏迷、抽搐、呼吸循环衰竭，甚至造成死亡。③慢性中毒表现为神经衰弱综合征、肝大、肝功能异常、消化功能障碍、雷诺氏现象及肢端溶骨症。重度中毒可引起肝硬化。④皮肤经常接触，造成干燥、皲裂，或引起丘疹、粉刺、手掌皮肤角化、指甲边薄等；有时偶见秃发。少数人出现硬皮病样改变。皮肤接触氯乙烯液体可致冻伤，出现局部麻木，继而出现红斑、水肿，以致坏死。眼部接触有明显刺激症状。⑤肝血管肉瘤系氯乙烯所致的一种恶性程度很高的职业性肿瘤，本症主要见于清釜工（加工厂不会有）。

（6）安全可靠性分析：①生产 PVC 过程，要采用气提工艺，可以把氯乙烯残余含量降低，达到卫生级、食品级、工业级的不同要求；②在塑料厂工作，劳动保护是需要的，还需要做到车间通风、防静电危害等；③还有加工塑料时添加的助剂，也是需要做到注意的；④健康体检：正常情况 1 次 /2 年［《职业健康监护技术规范》（GBZ 188—2007）］。

39　塑料变黄了怎么办?

生活中很容易发现，塑料制品，尤其是白色塑料制品，用久了就会变黄，这是为什么呢?

一般来说塑料制品变黄都是由材料的老化或是降解造成的。一般 PP 是由于老化（降解）导致变黄的，由于聚丙烯上侧基的存在，其稳定性不好，特别是在光照的情况下，生产过程需要加入光稳定剂。至于 PE，由于没有侧基，一般加工或是使用初期变黄情况不是很多。PVC 倒是会变黄，和产品的配方关系比较大，说白了就是氧化，有些母料表面容易氧化，这就有必要对母料进行表面处理。除了体系中不良的助剂、杂质等，塑料变黄主要是老化造成的，加入合适的抗氧体系和抗紫外剂能改善 PE、PP 的黄变，但是很多受阻酚类抗氧体系本身就会带来轻微的黄变，还有，有些抗氧体系和抗紫外剂存在拮抗效果，所以使用的时候要很小心。加入高分子润滑剂，主要让它在机器壁上形成一种可以流动的高分子氟聚合物膜，改善聚烯烃树脂的挤出加工性能、挤出压力和加工温度，提高产品质量、产能，降低生产成本，减少或消除熔体破裂，降低废品率。

碰到塑料制品变黄，可以尝试以下方法，让变黄的塑料制品"白回来"。

（1）用盐加上洗涤灵，使用百洁布来擦，最后再用湿布擦干净，在上面还有水气时用卫生纸把擦过的地方盖起来，不要晒，一定要阴干，之后塑料制品就是白色的了。

（2）倒入醋或可乐等酸性饮料，多泡一会儿，这样会起化学反应，所以塑料制品就会变白。

40　塑料静电有什么危害吗？

塑料静电是我们生活中常遇见的现象，有什么危害吗？又有什么好的消除办法吗？

塑料表面的静电危害：可以把粉尘污物吸附到表面上，导致施于塑料表面上的涂层和装潢出现缺陷。塑料制品上丝印图案覆盖在灰尘上的油墨容易脱落而留下针眼，另外塑料上的静电还会使油墨干了后出现某些花纹。

静电产生的原因是摩擦起电或者接触起电，两种材料在接触和分离时，一种材料具有较大的亲电子性，电子就转移到这种材料的表面上。根据经验，在各种材料摩擦中，大多塑料材料容易带负电，如 PE、ABS、聚氯乙烯、聚丙烯等。

消除静电的方法：

（1）离子化空气（将空气裂解成正负离子，从而将塑料表面的静电中和），方式：通过火焰、高电压等方式中和静电。

通常这种方式我们是不采用的。

（2）抗静电剂：用于塑料布的抗静电剂一般有两种。

第一种是喷涂或涂布在塑料表面上的表面活性剂，其涂层易于从空气中吸潮，从而提高了塑料表面的导电性，有利于静电的消除。

第二种是在制品模塑之前将抗静电剂掺入塑料树脂中，来提高塑料的导电性以消除静电。但这两种处理方法可能会降低塑料表面对油漆或者油墨的黏合。

塑料片材可通过两个相对旋转的特制橡胶辊来消除静电。

41　如何撕下塑料制品上的纸质标签？

不知道大家有没有发现，在去除塑料制品上的纸质标签后，原来标签所在处依然会残留一些胶质物体，如果用手触摸，有一种黏手的感觉。时间久了也会黏上灰尘，看上去黑黑的，很难看。有什么办法可以解决这个问题呢？

（1）有机溶剂溶解

其实只要利用平时家里存放的酒精（75%）、汽油或者是指甲油稀释液就可轻松、彻底地去除这些不干胶。护手霜也可达到去除不干胶的效果。

原理：一般用于贴标签的胶在化学领域里都属于有机高分子化合物，而酒精、汽油或指甲油稀释液都属于有机溶剂，这些溶剂可以溶解高分子化合物，同时指甲油稀释液的溶解力比酒精和汽油更强。而护手霜中含有大量的水，同时在水中含有一定量的表面活性剂。表面活性剂具有良好的润湿、渗透、溶解能力，可以很快地渗透到不干胶和物体表面之间，有效降低它们之间的黏附力，这样残留的不干胶就很容易被去除了。

知道这个原理后，你可以发现一些类似的产品，如面霜、洗面奶、洗涤灵也有同样的效果。因此只要巧妙地利用这些产品，就可以轻松去掉黑黑的痕迹。

（2）电吹风吹热

碰到这种情况，还可以用电吹风先吹一下，这样很容易就把标签撕下了。如果还有残存的胶状物或者是已经黏上灰尘变黑了，需要先用手搓一下，然后用透明胶带反着裹在手指上，贴在变黑的胶状物上快速把透明胶带拽下。或者把透明胶带的中段黏在胶状物上，用两手同时把胶带拔下，一定要注意力度，以胶带胶。此种方法不适合用于纸质物品、薄漆物品的表面标签的去除。

42 生活中如何减少塑料垃圾的产生？

生活垃圾随处可见，很多垃圾都是可以避免产生的，如一次性杯子、一次性筷子，还有很多难分解的塑料袋子等一系列的垃圾围绕着我们。要怎么减少生活垃圾的产生，我们来分享一些生活经验。

（1）拒绝你不需要的，减少消费

每次买东西时，先想一想：我是否真正需要？原有的是否真的不可再用？我是否物尽其用？拒收随处散发的无用的宣传品、小广告。总之，拒绝你不需要的，减少消费，垃圾产生量自然会减少。

（2）学会废物的重新利用

有些东西我们确实是必须要买的，在它变成"废物"之前，我们需要重新考虑：它还有利用的价值吗？例如多余的办公用品（纸、铅笔等）可以捐到当地学校；单面打印过的纸另一面可以用于再打印；重复使用信件的信封等。

（3）循环使用不可避免的东西

买菜或是超市购物时记得带上额外的篮子或是环保袋，可减少塑料袋的使用；外出用餐时带上自己的餐盒装剩菜；遥控器用可充电电池；首选使用陶瓷餐具和布制餐巾。

（4）代替使用需要的东西

寻找一次性用品（厨房纸巾、垃圾袋、蜡纸、锡纸、一次性盘子、一次性杯子等）的代替品，减少化妆品的使用，考虑用自制代替品。总之，应该尽可能地使用可回收并反复使用的物品来代替用完即弃不可回收的物品。

（5）学会垃圾的分类

如果你觉得你已经物尽其用了，也请给它们进行分类投放：可回收垃圾、厨余垃圾、有害垃圾和其他垃圾。

43 为什么不能用塑料容器盛装汽油等易燃液体？

塑料制品轻巧、美观且耐腐蚀，广受消费者青睐。但是，用塑料容器（桶、罐、壶等）盛装汽油和酒精等易燃液体，却有一定的危险性，尤其是从塑料容器中往外倒汽油或向塑料容器中灌装汽油时，均有可能起火。究其原因，主要是静电在作怪。

我们知道，现在使用的塑料容器大多是用合成高分子聚合物聚苯乙烯、聚氯乙烯和聚乙烯制作的。这种材料电阻率较大，具有良好的绝缘性，产生的电荷不能很快释放，容易产生并积聚静电。

对于电阻率在一定范围内的液态绝缘体（比如在 10^{10} ~ 10^{15}

欧·米），它们也很容易摩擦带电。一些石油产品，如汽油、苯、二硫化碳等，它们的电阻率就处于这个范围内。

　　实验表明，当汽油等易燃液体在塑料容器中来回晃荡、摩擦、冲击、飞溅时，会在这两种绝缘物质上积累大量电荷，形成几十伏、几百伏甚至成千上万伏的高电压。只要静电压达到300伏时，就会产生静电放电现象，闪烁出火花。由于汽油的着火点很低，所以散发于容器周围的汽油蒸气很容易燃烧，甚至发生爆炸。

　　因此，我们盛装汽油的最好办法是采用金属容器，因为金属容器是导体，放在地面上可使产生的静电很快"跑掉"。在运输过程中，油罐车常用一根铁链拖地，由此来释放由于油品摩擦而携带的静电，减少电火花的产生，以保证安全。

　　接下来，我们分析用体积小的饮料瓶装汽油／轻质油的安全性和可行性。以我们常见的饮料瓶为例来分析：常见的矿泉水瓶和碳酸饮料瓶的材质是聚乙烯和聚酯，它和汽油／轻质油在小小的面积上摩擦，也会产生电荷，但在这么小的面积上产生的电荷是很少的，更不可能达到300伏的放电临界值。所以，用塑料瓶盛装一点汽油／轻质油是安全的，而且很方便。

44 为什么塑料袋渗油不渗水呢?

塑料袋是生活中最常用到的一种装东西工具,它很结实,装水都不会漏,但在吃油条、烤鸭、卤肉、炸鸡、小龙虾时,明明戴了塑料手套还是会沾一手的油,原因有二。

一是塑料袋的主要成分是聚氯乙烯,是有机物,油是脂肪酸甘油酯,也是有机物,根据相似相溶原理,所以油是可以溶入袋子的。而水是无机物,无法溶入袋子。

二是塑料袋是高分子化合物质合成的,分子和分子之间有空隙。油的分子间隙比袋子的间隙要小,油分子就会从塑料袋的缝隙里渗透出来。而水因为存在表面张力,所以不会渗透出来。

另外,很多厂家为了节约成本、减少生产工艺等,会在生产塑料袋时加很多填充物,这样塑料袋的分子结构就会有所变化,所以塑料袋子渗透油的原因跟生产工艺也是有一定关系的。

45 为什么塑料瓶子下面会有一个凹进去的口？

相信很多细心的小伙伴都会发现，平时喝的饮料瓶底部会有很明显的凹陷，有的凹陷不明显，而有的简直不要太夸张。那么这个凹陷真的是为了少装点饮料而设计的吗？其实不然。实际上每瓶饮料都有特定的规格，500毫升就是500毫升的，不会少放。当然有凹槽，瓶子整体会变得很大，视觉上看起来就有很大一瓶，也算是一种营销策略。那技术上的原因是什么呢？

（1）加强稳定性

大部分饮料瓶子的材质都是塑料，所以很容易碰倒，底部凹进去，只有外缘的一圈能够接触地面，很多人以为这样更容易倒，其实恰恰相反，这样瓶身的重量全放在了周围的一圈，这样的设计更牢固。就像是你穿平底鞋容易滑倒，但是穿高跟鞋不会滑倒的道理一样。

（2）节省材料

如果做成平底，瓶底部承受的压强较大，底部就必须要加厚，从而导致了材料的浪费。使用凹槽设计，就可以分担液体压强，使底部变薄。

（3）加强美观性

底部的凹槽在一定程度上增加了瓶子的美观度，可以作为瓶子整体的装饰。

（4）专业原因

每个瓶子底部的中心部位，都有一个明显的圆点，那是注塑瓶坯时的进料口，高档的气封模具注塑出来的，进料口很小，普通模具注塑出来，就比较大，但是不管大小，多少都会有突出，如果瓶子底部是平的，那么进料口会影响瓶子的平稳，甚至没法摆放。

46　为什么塑料袋能

祛咖啡渍、茶渍？

爱喝茶或者咖啡的朋友，使用的杯子时间久了往往杯子中有一层污渍，清洗非常麻烦。但用塑料袋就可以轻松解决这个问题。首先将杯子和塑料袋沾上水，然后直接用塑料袋作为清洗的抹布清洗杯子，就可以得到一个干净的杯子。不用任何清洁剂，清洗效果非常好。其中有什么原理吗？

其实特别简单，这就是利用了塑料袋的摩擦作用。塑料袋上面有一些化学纤维可以摩擦掉咖啡渍和茶渍，就像用抹布一样。又加上塑料袋形状百变，非常容易擦到边边角角。所以塑料袋还是有很多意想不到的用处的。

47 为什么买海鲜时通常都 是用黑塑料袋？

大家在海鲜市场购买海鲜时，摊主大多会提供一种黑色、很厚实的塑料袋盛放海鲜。多数人已经习以为常，但这黑色塑料袋后有什么秘密呢？

（1）黑色塑料袋成本较低。如果是用塑料袋装好后称重，厚实的塑料袋可以占一部分重量，与海鲜高昂的价格相比，塑料袋的成本确实是低。

（2）黑色塑料袋的强度高、韧性大，适合装大量海鲜，为

保证海鲜存活而放入的水的重量也能承担。

（3）黑色塑料袋不透光，可以延长海产品的存活时间。

虽然黑色塑料袋在海鲜市场已经成为常客，但背后也存在一些问题。现在市场上的黑色塑料袋大多是利用废弃的塑料加工而成的，这些塑料成分比较复杂，含有大量有害物质和杂质，因此生产作坊大多会加入大量着色剂进行掩盖。如果回收的废弃塑料曾经装过化肥、农药等有害物质，那么制成的塑料袋就含有其中的有害成分，在盛放食品的过程中，这些成分会渗透到食品中，对人体造成危害。

48 为什么有很多零食包装内部都用镜面反光的塑料？

零食包装一般都有图案，因此一定要使用凹版印刷进行里印，之后复合一层镀铝膜，再复合一层 PE 膜或者 CPP 薄膜做热封层，这样就可以做很好的包装材料了。

（1）零食包装一般用凹印复合袋，而且还要有阻隔层。一般是用镀铝膜做阻隔层，因为零食一般容易受潮，或者受阳光照射而变质，因此需要镀铝膜来阻隔阳光和空气中的水分。为了保证口感，包装袋里还需要充入氮气。

（2）很多食物是需要避光保存的，用这种包装是为了避免外部光线照射，从而延长保质期。

49　塑料凳为什么中间有孔？

很多人都疑惑，为什么家里用的塑料凳子有一个孔，又为什么不能多几个孔呢？塑料凳中间有孔主要是出于以下考虑。

凳子的设计是可以很多个摞在一起的，方便储运。如果不开洞，取开凳子的时候可能会因为上下两个凳子形成一个密闭的空间，空气压力导致拉开凳子很困难，摞凳子的时候也很难摞紧实。虽然自然摞起来的凳子中间不会是真空，但被拉开前内部空腔气压会降低，凳子会紧紧地"吸"在一起。

为了消除上面提到的效应，完全可以开任何形式的"孔"。为什么偏偏是"一个不大不小的圆形孔"呢？因为方孔会很悲剧。类似飞机悬窗为什么是圆角矩形一样，方形或者任何有尖角的孔，尖角部分应力都会比较集中，受力时容易开裂。其他带圆角的孔里面，圆形最容易做模具了，所以选圆孔。

为什么是"一个"呢？要透气，大小差不多的话，一个就够了，孔越多塑料凳强度越低。

为什么"不大不小呢"？太大的话影响结构的强度，太小的话，勾取上面凳子的时候手指头就伸不进去了。

在日常使用中，一定要注意安全，特别是不要让小孩子把手插进塑料凳的孔中玩耍。曾有新闻报道，一名小女孩玩耍时不慎将手卡在塑料凳子内，其父母请求消防官兵到场处置。官兵到场后发现，卡住小女孩手的口很小，由于被卡的时间较长，手指已经发生肿胀，小女孩年龄较小，皮肤娇嫩，如果不及时处置，手指将会受伤。为防止给小女孩造成伤害，指挥员没有使用较大的破拆工具，而是用钳子将塑料凳子一点一点地掐掉，10 分钟才处置完毕。

50 猫狗为什么总爱吃塑料袋？

家有宠物的人时常发现，给个塑料袋，小猫小狗们能自己玩上半天，不仅是手脚并用地扑腾，还"上嘴"，时不时地"吃"

上几口。有些主人很担心，要真吃进去了，会不会对肠胃造成影响？那为什么猫狗会吃塑料袋呢？

首先，舔塑料有声音，这是猫狗喜欢舔的原因之一。其次，猫有吃一些草等难消化的粗纤维植物的本能，吃进去，或促进肠道蠕动，或引起呕吐帮助排出一些不好的东西。

51　开车为什么也能产生塑料垃圾？

汽车工业发展到今天，塑料已经是汽车的重要组成部分。在发达国家，汽车用塑料量的多少，甚至已经成为衡量汽车设计和制造水平的一个重要标志。

保险杠外壳，应该是最委屈的汽车塑料件了，许多消费者都误认为它就是保险杠的本体，你以为它是上单肉盾，其实它是脆皮辅助。保险杠外壳的主要作用，是缓冲和吸能，由于使用环境比较复杂，而且外壳体积较大，所以一般采用质量轻、耐腐蚀性较好的聚丙烯制造。

进气格栅的主要作用是为发动机降温、梳理车头的气流。虽然很多车型的进气格栅都采用了镀铬装饰，看着很有金属感，但是它们其实都是塑料。格栅造型是汽车上最具辨识度的设计之一，各式各样的格栅对材料的可塑性要求较高，塑料自然是最好的选择。

一辆车的仪表板用料，抛开木质和皮质不谈，其余的基本都是塑料，只是有软硬之分。软的是发泡成型的聚氨酯，而硬的则是注塑成型的聚丙烯，前者重量较轻，吸音性、安全性都不错，后者价格低廉。所以高档车型的内饰都会采用前者。

与我们身体接触最多的汽车座椅，其实主要材质也是塑料。汽车座椅中的填充物是发泡塑料，主要原料是聚氨酯，这类材料的绝热性、缓冲性、吸音性、成型性都很不错，对于座椅的乘坐舒适性很有帮助。

汽车车灯的灯罩要求使用材质的可塑性好、透明度好，而且硬度要够高，这样才能保证长时间使用不影响车灯亮度，还能保护车灯。因此一般会选用性能良好的光学塑料——聚碳酸酯。聚碳酸酯强度高、抗紫外线、韧性和透光性好，是用来制作车灯灯罩的不二之选。

汽车轮胎是橡胶制品，但轮胎磨损却是自然界水体中微塑料污染的主要来源之一。

52 塑料比纸更环保吗？

在我们的印象中纸袋比塑料袋更环保，因为塑料袋难以降解易造成"白色污染"，被动物误食还会造成动物死亡，而纸袋废弃后可以被回收进行再生纸制造，也可以被送到垃圾焚烧厂发挥余热，即使不进行垃圾分类，纸品直接填埋掉也很容易腐烂降解。

　　但考虑一个产品够不够环保，不单单要考量产品后期处理对环境造成的危害，而且要考量从前期原材料采集、生产、运输、使用和处置等整个生命周期中产生的环境负荷即"产品的生命周期分析（LCA）"。

　　这两种产品的生命周期是：塑料从原油的开采开始，纸是从伐木开始，经过产品的制造、使用，然后将使用后的一部分进行再生循环处理，直到最后做无公害焚烧的过程。

　　从原材料采集来看，纸袋的原材料分为原浆纸和再生纸两种。原浆纸主要由木材造浆生产，需要消耗大量木材；再生纸由回收的纸制品重新制浆生产，废纸回收、清洗、脱墨、再制浆过程产生大量粉尘和污水，同时消耗更多的能量。而生产塑料袋的原料是聚乙烯，利用从石油中分馏出的乙烯，经过化工加工手段制成。乙烯的聚合工艺已十分成熟，如果单纯从生产过程的能耗和污染来看，生产聚乙烯塑料袋要比生产纸袋更环保，也更经济。

表　购物袋的LCA　　　　　　单位：每 1 000 袋

能耗、排放物等投入、产出量		单位	购物袋		备注
			聚乙烯	无漂白牛皮纸	
尺寸（长×宽×高）		厘米	27×13×49	23×12×39	容量相同
每个袋子重量		克	6.85	21.0	
能耗		千卡	9 930	126 000	含回收焚烧能
物质消耗	材料	千克	原油 7.03	木材 43.3	
	水	千克	20.6	2 310	
大气污染物质	CO_2	千克	28.1	49.9	
	SO_x	克	38	126	

能耗、排放物等投入、产出量		单位	购物袋		备注
			聚乙烯	无漂白牛皮纸	
大气污染物质	NO_x	克	13	204	
	碳氢化合物	克	144	–	
水质污浊物质	BOD	克	很少	50	
	COD	克	5.36	130	
固态废物	灰	千克	很少	0.2	
	淤渣	千克	0.2	0.8	

注：数据来自国际环境毒理学与化学学会（SETAC）

　　数据显示在相同容量的情况下，纸袋的能耗是塑料袋的
1.5 ～ 2 倍，耗水量是塑料袋的百倍以上，温室气体排放是塑料
袋的 1.7 倍，可能造成的大气酸化和空气质量恶化分别为塑料袋
的 3.3 倍和 15.6 倍，可能造成的水体污染是塑料袋的 24 倍，
产生的固体垃圾是塑料袋的 4 倍。结果表明聚乙烯塑料袋对环
境造成的负荷程度比纸袋要低。

　　从这个角度而言，塑料确实比纸更加环保。随着生态塑料
技术的研发成功，在不增加塑料袋能耗和物质消耗的基础上解
决了塑料在自然环境下的降解问题，相比纸而言，生态塑料无
疑更环保。

第三章

拒绝危害

53 使用含双酚 A 的塑料制品时应注意什么?

部分塑料(PC)中残留双酚 A,温度越高,释放越多,速度也越快。因此,不应以 PC 水瓶盛热水,以免增加双酚 A(万一有的话)释放的速度及浓度。如果你的水壶有编号为 7 的标识,下列方法可降低风险:

(1)使用时勿加热。

(2)不用洗碗机、烘碗机清洗水壶。

(3)不让水壶在阳光下直射。

(4)第一次使用前,用小苏打粉加温水清洗,在室温中自然烘干。因为双酚 A 会在第一次使用与长期使用时释出较多。

(5)如果容器有任何摔伤或破损,建议停止使用,因为塑料制品表面如果有细微的坑纹,容易藏细菌。

54 可以给宝宝选择什么样的塑料玩具?

给宝宝选购塑料玩具要做到下面5点。

（1）看玩具的3C认证和标签说明

3C认证是中国强制性产品认证的简称。国家规定塑料玩具要通过国家强制性产品认证，即要有"CCC"标志。如果产品包装上没有3C认证，说明该产品属于假冒伪劣产品。不过，3C标志并不是质量标志，只是一种最基础的安全认证，只能证明产品合格，不能证明产品性能很优异。此外，购买时还要查看制造商、产地、主要材质成分、警示标语、产品合格证等标签标识。

（2）闻塑料玩具的气味

德国消费者保护中心指出，如果一些儿童玩具有刺鼻气味，那么应当含有有害物质，如邻苯二甲酸酯增塑剂类有害物质。因此，建议大家在购买玩具时闻闻气味。有专家建议，可以先将玩具洗一洗、晾晒一下，尽量将塑料味道挥发出去，减少剥落的颜料和其中的重金属含量。如果塑料玩具标明了可以耐受的高温，也可以将玩具煮一下再使用。

（3）看玩具的光泽度和色彩鲜艳度

优质的塑料玩具在光泽度和色彩鲜艳度上要比劣质玩具表现

优秀得多。这是因为优质的塑料玩具通常用 PVC、PP、PE 等塑料原材料制作，塑料本身就很有光泽。而许多劣质玩具通常采用"二料"（即废旧塑料制品回收再加工的材料）制成，经过再加工之后色泽变差。虽然不一定能保证色泽好的就一定安全，但是光泽度差、色彩鲜艳程度差的都是存在安全隐患的产品。

（4）看玩具产品的厚度

塑料玩具较大的特点是其成品或部件是一次性注塑成型的，如果注塑玩具的内壁过薄，在幼儿玩耍时很容易跌落，摔破，塑料件脆断产生小碎片、尖锐边缘、边角，对宝宝造成危险。一般情况下，边角或有弧度的地方塑料壁要比其他的地方厚一些，这样提高了玩具摔到地上时的破坏承受能力，减少损坏程度。

（5）试用一下

出于安全考虑，爸爸妈妈在购买玩具的时候建议认真试用一下，看是否存在安全隐患以及是否适合宝宝使用。在试用的时候，可以晃晃玩具看各个部件是否牢固，是否有细小的零件；或是拉

一下那些带绳索的玩具，看长度是否合适；挑选发声玩具时，要试一下它的声音是否过响。最好还要摸一摸玩具的边边角角，看是否有尖锐物，以免划伤宝宝。

55 该如何选择宝宝爬行垫？

爬行垫是一种用来供宝宝爬行的运动辅助设备，源于日本和韩国，近年来在我国逐步推广开来。

（1）爬行垫的材质

宝宝爬行垫的材质直接影响着产品的安全性和耐用性，目前优质的宝宝爬行垫一般采用环保 PE 棉作为生产的材料，其优点是柔软富有弹性，能有效降低震动冲击，而且环保 PE 棉无毒无味，不含任何有害物质，清洁方便，宝宝用起来更健康，妈妈更放心；而杂牌的爬行垫往往采用废旧 EVA 材料制造，其缺点是弹性差，而且气味浓，大多含甲醛等有害物质，影响宝宝健康。

（2）爬行垫的防滑设计

我们知道，宝宝由于刚开始学习爬行和走路的时候比较容易摔倒，尤其是在光滑的材料上行走时，因此优质的宝宝爬行垫都会进行较好的防滑设计，比如，会在宝宝爬行垫的表面采用凹凸纹理的防滑设计，能起到很好的防滑效果；另外还会在两面的最外层添加保鲜膜，其优点是能起到很好的防水和防滑的作用。

（3）宝宝爬行垫的尺寸

年幼的宝宝好动爱玩，对周围的一切事物都非常感兴趣，所以宝宝的活动空间不能太小，因此，只要家里房间面积允许，应该尽可能给宝宝选择大尺寸的爬行垫，建议长度和宽度都不要小于 180 厘米，因为面积太小的话宝宝很容易会离开爬行垫的范围，这样爬行垫就失去作用了；爬行垫的厚度也不可忽视，理论上厚度越大对宝宝的保护越好，应保证爬行垫的厚度在 1 厘米左右。

（4）爬行垫的安全性

最主要是闻气味，闻起来刺鼻的爬行垫绝对不能要。选择婴儿爬行垫，安全是最重要的一个选择标准。婴儿爬行垫的安全性主要取决于其材质。爬行垫一般由 EPE 和保鲜膜组合而成，中层为 EPE。一般正规的公司，都会出具婴儿爬行垫的相关检测报告，如 SGS 检测报告等。

56 可以使用塑料切菜板吗？

随着塑料菜板进入人们的生活，塑料菜板与木质菜板的争端也越来越多，争论的核心也大都在它们对于消费者健康的影响。木质菜板在我国的历史悠久，一直以来国人就以它作为厨房必备的工具。塑料菜板呢，它是近些年来才开始在我国城乡家庭流行起来的。

大部分正规厂家生产的塑料菜板都是专业高强度的抗菌菜板，特别是现在研究出了一款布艺亚克力材料后，被广泛使用在塑料菜板的制作中，布艺亚克力是采用特殊亚克力和食品级高强度纳米银离子抗菌材料加工而成的。它由纯天然原料制作，具有高密度、高韧性的特点，最主要的是，高科技纳米银离子抗菌材料，加上抗菌的清洁剂清洗塑料的话更是强强结合，为全家人的健康保驾护航。

正规的塑料菜板应是优质食品级 PP 原料，道理上来说是安全无毒的，但是有的商家为了追求片面的硬度，常常过量添加填充料，甚至有的无良商家为了降低生产成本会在材料中掺入旧原料，这样就有可能导致化学物质的析出。所以消费者在购买塑料菜板的时候要选择颜色半透明、颜色分布均匀、没有杂质和刺激性气味的塑料菜板。在切割熟食的时候应该尽量不使用塑料菜板。原国家质量监督检验检疫总局曾抽查了浙江省几家公司生产的13 批次食品包装用塑料膜（袋）及菜板产品，合格率仅六成左右，尤其引人注目的是，全部 5 批次不合格产品中，塑料菜板占了 3 批次，而且均为蒸发残渣问题。

什么是蒸发残渣呢？"蒸发残渣"试验方法是将试样在特定的温度下分别经由不同溶液（水、4% 乙酸、65% 乙醇、正己烷）浸泡 2 小时，将浸泡液分别放置在水浴上蒸干，于 100℃左右的环境下干燥 2 小时后，冷却称重。该指标即表示在不同浸泡液中的溶出量。这些检测指标均为考核塑料制品在接触水、醋、酒、油等厨房烹饪调料时可能析出的化学物质及析出的含量。因为析出的这些化学物质越多，污染食品的可能性就越大。此次检测发现，有些产品中乙酸超标 3.3 ~ 16.5 倍，有的产品中正己烷超标 1.7 ~ 6.1 倍。

　　塑料菜板的主要成分是聚乙烯或聚丙烯，在用料时均有严格的安全指标规定和要求。问题出在一些生产厂商为增加塑料菜板的硬度，也就是平常家庭主妇们常说的耐用、耐斩，常常过量添加碳酸钙、滑石粉等作填充料，甚至掺入回收旧原料以降低生产成本，这就有可能导致化学物质析出。

　　人们普遍感觉塑料具有一定的危害，所以对塑料菜板的关注度一直比较高，相信大家在看了上面的解释后，对塑料菜板的选择已经有了自己的答案。

57　塑料瓶可以盛米吗？

　　喝完饮料或矿泉水的水瓶，很多人都留起来，用来盛米、酱油、醋等，很方便，既节约，又环保。尤其是盛米，塑料瓶简直是"神器"，因为用塑料瓶把五谷杂粮装起来，就不用担心生虫的问题了，所以塑料瓶盛米很受大家青睐。

　　不少小吃店、小饭店也都用塑料瓶盛装油盐酱醋等调料。在不少烧烤摊位上，摊主用塑料瓶盛装着胡椒粉、盐、辣椒粉等一干调料，瓶盖上钻几个孔，用的时候，拿起瓶子晃几下，很是方便。

　　虽然使用旧塑料瓶盛装食品很多好处，在生活中也很常见，但用塑料瓶长期盛装食品对健康有没有影响呢？

饮料瓶大部分都是用 PET 材质做的，它是一种高分子材料，广泛地使用在各种食品包装上。这些材料在低温下无毒无味，装饮料对人体很安全。无论什么塑料制品，制作过程中都要添加各种助剂，如耐光剂、光滑剂等。这些化学成分对人体是有毒害作用的，若长久用塑料瓶装米、面、饮用水、油、酒等物质，容易把内部的有害物质溶出，从而带进人体。此外，反复使用矿泉水瓶或饮料瓶，卫生指标也达不到，细菌有可能在瓶子里大量繁殖。因此，建议使用玻璃、不锈钢等材质的瓶子装食品，会更安全。

所以，为了健康起见，还是让塑料瓶合理回收，再去合适的地方发挥余热吧。

58 一次性打包盒，你还敢用吗？

虽然，国家已经出台了政策和法规来明令禁止使用一次性饭盒，但是现今市面上还是随处可见一次性饭盒的身影。因为一次性饭盒具有成本低廉、使用方便快捷的特点，用完直接扔在垃圾桶里。

还有最关键的一点就是人们还没有意识到一次性饭盒的危害，没有从观念上改变对一次性饭盒的认识。一次性饭盒有什么危害呢？

（1）一次性饭盒的成分都是一些难以自然降解的化合物，对其采用处理方法的话，通常是掩埋或者焚烧，这两种方法无论是哪一种，都会对环境造成危害。因为一次性饭盒有难以自然降解的特性，如果采取掩埋的方式会对土壤产生一定的危害，从而影响生长在土里的农作物以及植物，长时间这样的话，甚至会对土质结构造成一定的影响。

如果采用焚烧的方式的话，就会产生一些有害的气体，不仅对大气造成污染，而且对人们的身体健康也会产生不利的影响。现在很多人的环保观念还没有形成，使用完一次性饭盒就把其随意丢弃，影响城市的整体环境。更有甚者，把其扔至水中，使其在水面上漂浮，不仅影响水面环境，而且因为其质量轻，打捞也是一件十分困难的事。

（2）长期使用一次性饭盒，会对人体的肾、肝等造成不良的影响。现在一次性饭盒的生产厂家很多，谁也不能确保加工工艺是到位的、使用的原材料是合格的，其本身可能带有一定的有害物质，如果用其盛高温的食物，有害物质会转移到食物中，从而对人体的某些器官产生不利的影响。

为了保证环境的质量以及人们的身体健康，建议大家还是尽量少使用一次性饭盒。另外，普通的一次性塑料打包盒不可以放进微波炉加热，会有有害物质析出，污染食物。

59 使用塑料收纳箱，应注意什么？

塑料收纳箱主要用来存放各种杂物，具有外观漂亮、耐酸耐碱、耐油污、无毒无味、防潮效果佳、清洁方便、堆放整齐、便于管理、承载强度大、可套叠等特点。使用方便，是收纳的好帮手，也备受收纳达人的推崇。但因其是塑料材质，所以不少人有疑问：塑料收纳箱有毒吗？

其实，塑料收纳箱是无毒的，不过使用仍然要注意一些问题。如果要搞清楚这种塑料收纳箱有没有毒，就必须要清楚是什么材质的。材质如果对人体有毒性，那么就会散发出一定的有毒成分。

反之，如果材质本身是没毒的，那么就可以放心购买。

　　普通的塑料收纳箱一般都是两种材质制造而成的：聚丙烯和聚乙烯，这两种都是属于无毒的塑料。不过，这两种塑料也并不是任何情况都是没有毒性的。如果厂家在生产的时候用到染色剂或者增塑剂的话，那么由此而制成的塑料收纳盒也会有一定的毒性。由此也可以得出一个结论，淡颜色和无色的塑料收纳盒基本没有毒性，而染色和深颜色的塑料收纳盒会有一定的毒性。因此，购买塑料收纳盒必须要牢记这个准则。而且，购买塑料收纳盒之前应当用鼻子闻闻，看收纳盒有没有散发出异样的气味，即使这种气味比较小也不要忽视。就算要购买，也要购买几乎闻不到气味的塑料收纳盒，这样才不会散发出有毒的物质，危害人体健康。同时，在使用塑料收纳盒的时候同样要注意几个问题。

　　（1）聚乙烯的收纳盒比较容易着火，所以不能放在厨房这些有火源的地方。

　　（2）塑料收纳盒里面最好不要放置食品，虽然性质无毒，但存在健康隐患。

　　（3）不能往塑料收纳盒里面放过重的东西，因为很容易导致变形。

　　（4）在塑料收纳箱里面可以放置衣服，不过放置的时间不能太长，天气好的时候也要拿出来晒一下。

60 塑料餐盒可以用微波炉加热吗？

我们都知道，不是所有的餐盒都能用微波炉加热。但具体哪些餐盒可以加热，哪些不可以呢？这又要依据餐盒底部的标识来判断了！

（1）PET（聚对苯二甲酸乙二醇酯）

底部有"PET"标识的大都是饮料瓶，不用说大家也知道，这类塑料制品就是属于"一次性"的，往矿泉水瓶倒热水甚至会把瓶身烫坏，而且还会有一股塑料味，长期使用会对人身体造成伤害。

耐热程度：70℃

是否适合微波：不适合

（2）HDPE（高密度聚乙烯）

像牛奶瓶、洗发水、清洁剂之类的有塑胶成分的塑料制品，业界公认不会释放有害的物质，比较安全，所以超市也会用这种专门装食品的塑料袋。但是这种容器一般不好清洁，很容易滋生细菌，不建议循环使用。

耐热程度：110℃高温

是否适合微波：不适合

（3）PVC（聚氯乙烯）

用在塑料食品包装，儿童玩具，油瓶、醋瓶、酱油瓶之类，很多 PVC 材质的塑料盒都写着"可微波"，但是由于这种材质加热会释放有害物质，干扰人的激素发育，很多国家已经宣布禁用了。

耐热程度：80℃

是否适合微波：不适合

（4）PE（低密度聚乙烯）

像现在经常用的保鲜膜、半透明的食品袋就是这种材质的。大家在微波炉加热的时候一定要将保鲜膜去掉。

耐热程度：80℃

是否适合微波：不适合

（5）PP（聚丙烯）

大部分可微波的餐盒都是这种材质的，这种材质耐高温，加热不会产生对人身体有害的物质，而且洗干净后可以反复使用，大家在购买时可以选择带有这个标识的餐盒。

耐热程度：130℃

是否适合微波：适合

（6）PS（聚苯乙烯）

桶装泡面、一次性快餐盒，这种材质的餐盒可以盛放食物，但这种材质化学稳定性不好，放入微波炉加热会释放对人身体有害的化学物质，而且还很有可能着火，比较危险。

耐热程度：90℃

是否适合微波：不适合

（7）OTHER（没有标签的塑料制品）

这种就是指的任何塑料容器，不分什么材质的，尽量不要购买这样的餐盒。因为风险太高，无法判断有无有毒物质的释放。

耐热程度：根据材质而定

是否适合微波：不适合

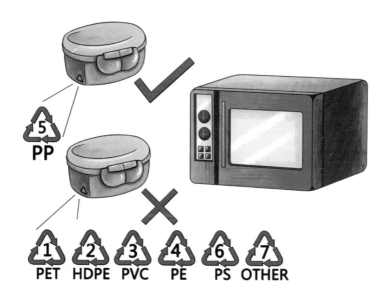

也就是说，以上其中只有PP（聚丙烯）材质的塑料餐盒才能放心地使用微波炉加热，所以在购买餐盒时一定要查看底部的三角图案。选择对的餐盒，就是选择健康！

61 经常带一次性塑料手套对身体有影响吗？

在日常生活中，不管是洗衣、做饭还是清洁卫生时，不少人都会戴上一副一次性手套来保护双手。优质和劣质一次性 PE 手套的区别主要是原料的区别，优质的是用纯料，劣质的是用再生料。

但是，人们是否有想过，用作保护双手的小小手套也可能是个"有毒分子"，尤其是一些价格低廉的一次性 PE 手套可能是用一些回收的废料制作而成，对人体危害极大，长期与皮肤接触，可能会致癌。

目前市场上的一次性手套种类多，价格不一，质量差异大，不少人因为图便宜而选择了一些劣质的手套产品，致使手心手背很痒，甚至手掌有些泛红。批发市场上许多一次性 PE 手套包装上没有生产标准，而且包装简单易打开，并且能够明显闻到一股刺鼻的味道，摸上去手感粗糙。劣质一次性 PE 手套挥发的有害物质对人体的肝、肾、血液系统影响较大，尤其一些重金属成分有致癌风险。在佩戴手套做家务时容易出汗，出汗后毛孔会打开，而手套内的有害物质会随着汗液遇热挥发进入到人体内，给人体带来危害。

还有另外一种一次性乳胶手套，若长期使用，会对皮肤造成伤害。一次性乳胶手套，一般都是由聚丁二烯乳胶、丁苯乳胶制成，对皮肤有一定的刺激性。长期佩戴，建议选用橡胶材质的手套，因为橡胶不含蛋白质、氨基化合物及其他有害物质，极少产生过敏。天然乳胶是从橡树上割制而成，是天然橡胶的一种，液体，乳白色，无味。天然乳胶中的微生物和酶容易发霉、滋生细菌和螨虫。

因此在选择一次性手套时，应选择正规厂家生产的产品。

62　你家里用保鲜膜吗？

现代人对保鲜膜的依赖越来越强，无论蔬菜、水果或是剩菜剩饭，只要盖上它，心里会踏实很多，觉得食品变得安全。但保鲜膜的不当使用会危害身体健康，而且不同的保鲜膜的用途也是不一样的，那么，该如何区分并正确使用呢？

目前市场上出售的保鲜膜从原材料上主要分为三大类：第一类是聚乙烯（PE 或 LDPE），主要用于普通水果、蔬菜等的包装；第二类是聚偏二氯乙烯（PVDC）），主要用于一些熟食、火腿等产品的包装；第三类是聚氯乙烯（PVC），也可以用于食品包装，但它对人体的健康有一定的影响。就原材料而言，聚乙烯和聚偏二氯乙烯类保鲜膜对人体相对安全。

消费者日常购买保鲜膜，主要是区分聚乙烯和聚氯乙烯产品。

选购安全的保鲜膜一般有三种方法，即"一看二摸三烧"。一"看"：看它有没有产品说明，如果上面写着 PE 保鲜膜或者聚乙烯保鲜膜，就可以放心地使用。二"摸"：聚乙烯保鲜膜一般黏性和透明度较差，用手揉搓以后容易打开，而聚氯乙烯保鲜膜则透明度和黏性较好，用手揉搓以后不好展开，容易黏在手上。三"烧"：聚乙烯保鲜膜用火点燃后，火焰呈黄色，离开火源也不会熄灭，有滴油现象，并且没有刺鼻的气味。

按照用途来分类，市场上的保鲜膜大体分为两类，一类是普通保鲜膜，适用于冰箱保鲜；一类是微波炉保鲜膜，既可用于冰箱保鲜，也可用于微波炉加热。后一种保鲜膜在耐热、无毒性等方面远远优于普通保鲜膜。一般而言，正确使用保鲜膜的食品大概可以在常温下保鲜一周左右。

使用保鲜膜时如器皿上面覆盖保鲜膜，不要装满以免碰到食物。在使用微波炉保鲜膜时避免食物和薄膜的接触，尤其是油性较大的食品。加热食物时覆盖器皿的保鲜膜应该扎上几个小孔，以免爆破。使用时还应注意保鲜膜加热所能承受的温度，严格按照品牌上面标注的温度加热或者选择耐热更好的保鲜膜。

63 天天吃外卖对身体有影响吗？

叫外卖点快餐简单快速，很多人喜欢吃，一是因为没时间，二是因为味道不错。不过，在外卖为人们饮食带来极大丰富与便利的同时，很多人也会产生一点担心——外卖食物都是用一次性塑料容器盛放，我天天这样吃，对身体不好吧？

有人认为，经常吃塑料容器打包的食物会对身体有害，理由是这些塑料容器会释放出塑化剂、双酚A、二噁英、重金属等有害物质。

（1）塑化剂

塑化剂，也称增塑剂，是一种添加剂，用来加入硬塑料中，使其更有弹性和更加耐用。3号（PVC）是最常使用塑化剂的硬塑料，用PVC制成的塑料容器含有塑化剂。不过，外卖塑料容器最常使用的1号、5号、6号塑料均属于软塑料，本身具有弹性，无须使用塑化剂。

即便是PVC材料制成的外卖塑料容器，只要是正规厂家生产的合格产品，并且正确使用（如不拿来装高油脂的食物、使用温度不太高），并不会有过量的塑化剂释放到食物中。

（2）双酚A

有说法称，由塑料或树脂制成的一次性餐盒，含有一种叫作双酚A的类雌激素的物质，经高温后会从餐盒中渗出，随着食物进入体内。人体如果长期接触双酚A会致癌。

双酚A是一种化工原料，食品接触材料中的双酚A的确可能会转移到食品上，不过，外卖塑料容器主要用到的1号、5号、6号这三种材料，都不需要使用双酚A。至于双酚A对人体的危害性，目前还没有确定定论，如关于致癌性，动物研究尚未提供令人信服的证据表明接触双酚A有致癌风险。

（3）二噁英

还有说法认为，1号（PET）塑料在冷藏时会释放二噁英。二噁英是有毒物质，并可致癌。

但是，目前并没有合理的科学证据显示1号（PET）塑料本身含有二噁英，并且冷藏温度下也不会产生二噁英。

（4）其他化学物

用于制造塑料的其他一些化学物也可能释放到食物中去。例如，1号（PET）材料的塑料容器含有微量锑。

锑是一种用于制造PET的重金属。1号（PET）材料的塑料容器在装水时，所含的锑能释放到水里去。不过，研究显示，PET瓶装饮料的锑含量非常低（远低于世界卫生组织就饮用水水质所定的指引值），不会对健康构成风险。

事实上，我国对塑料容器中一些化学物也是有限量标准的，例如1号（PET）材料的塑料容器中锑应小于等于0.05毫克/升。

一般情况下合格的餐盒表面应该是光洁、无杂质或黑点。总而言之，对于正规厂家生产的合格一次性塑料容器，我们不必过于担心它的安全性问题。但我们生活中劣质的餐盒也很常见，这种一次性餐盒中含大量工业碳酸钙、石蜡等有毒物质，如果经常使用这些餐盒的话将会严重影响到人体健康。而且这些餐盒的原材料主要以废旧塑料、滑石粉为主，这些材料都对人体健康十分的不利。

我们如果长期使用含有大量工业碳酸钙的一次性餐盒，饭盒中所添加的化学物质就会和食物中所含的水、醋、油等相互溶解，并且随食物进入人体内，因此诱发消化不良、腹痛等症状。

当然了，经常吃外卖也不是什么好事，在营养均衡、卫生等方面也难有保证。

64　用塑料杯喝热水可以吗？

塑料是被大量使用的一种材料，尤其多用于制造奶瓶、太空杯等。近年来，奶瓶因为含有双酚 A 而备受争议。专家指出，理论上，只要在制作塑料杯的过程中，双酚 A 百分百转化成塑料结构，便表示制品完全没有双酚 A，更谈不上释出。只是，若有少量双酚 A 没有转化成塑料杯的塑料结构，则可能会释出而进入食物或饮品中。塑料杯中残留的双酚 A，温度越高，释放越多，速度也越快。因此，不应以 PC 水瓶盛热水。如果容器有任何摔伤或破损，建议停止使用，因为塑料制品表面如果有细微的坑纹，容易藏细菌。避免反复使用已经老化的塑料器具。

塑料杯除了受热后会析出一些化学物质外，还极易滋生细菌。虽然塑料表面看似光滑，但实际上有许多空隙，易藏污纳垢。而办公室里，人们对杯子的清洗大多只是用清水冲，杯子得不到彻底清洗和消毒。专家建议，办公室最好用不锈钢杯或玻璃杯，每天都要清洗，最好使用洗洁剂，并用热水冲洗。

另外，杯子受到电脑、机箱等静电的影响，会吸附更多的灰尘、细菌、病菌，时间久了会影响健康。为此最好给杯子配个盖儿，并且不要靠近电脑等电器，平时还应保持室内空气流通，开窗通风，让灰尘随风而去。

喝水杯首选应该是玻璃杯。别以为玻璃杯只是通透好看，在所有材质的杯子里，玻璃杯可是最健康的。

玻璃杯在高温烧制的过程中不含有机的化学物质，当人们用玻璃杯喝水或其他饮品的时候，不必担心化学物质会被喝进肚里去，而且玻璃表面光滑，容易清洗，细菌和污垢不容易在杯壁滋生，所以人们用玻璃杯喝水是最健康、最安全的。

另外，专家也提倡使用搪瓷杯子，因为搪瓷杯是经过上千摄氏度的高温搪化后制成的，不含铅等有害物质，可以放心使用。

五颜六色的陶瓷杯甚是讨人喜欢，可实际上在那些鲜艳的颜料里却藏着巨大的隐患，尤其内壁涂有釉，当杯子盛入开水或者酸、碱性偏高的饮料时，这些颜料中的铅等有毒重金属元素就容易溶解在液体中，人们饮进带化学物质的液体，就会对人体造成危害。而塑料中常添加有增塑剂，其中含有一些有毒的化学物质，用塑料杯装热水或开水的时候，有毒的化学物质就很容易稀释到水中，并且塑料的内部微观构造有很多的孔隙，其中隐藏着污物，清洗不净就会容易滋生细菌。所以，专家提醒，在选购塑料杯时，一定要选择符合国家标准的食用级塑料所制的水杯。

65　可以用塑料桶存酒吗？

看市面上白酒的包装，大家都知道，白酒一般都是用玻璃瓶来装的，但有一些散装白酒是用塑料桶装的。其实白酒是不适合用塑料桶装的，窖藏白酒也一样。

（1）塑料桶可以用来装酒吗？

如果只是用塑料桶作为中转，即把用酿酒设备蒸出来的酒运至存酒车间，是可以的。

长期储酒，切忌酒与塑料接触，以免时间长了发生化学反应，影响酒的品质。

（2）小批量存酒，用硅胶作为内塞时，对内塞有什么要求？

选择硅胶作为内塞时，如果准备多年陈酿，要保证硅胶多年都不会老化。

（3）酒坛存酒，酒装多少合适？

装满为宜，装满可以减少容器中空气的存在，营造更好地保存环境。

（4）浓香型与酱香型白酒是否较清香型更易于储存？

把握好存酒环境，不同类型的酒都耐储存，只是相对于消费者而言，浓香型和酱香型储存的价值更高。

66 吃海鲜就等于吃塑料？

据香港《文汇报》报道，海鲜是不少人的心头好，但比利时与英国研究人员发现，经常出现在海鲜菜式上的青口（又称贻贝），平均一份菜约 20 只，一份便含有约 90 颗塑料微粒。而一份 6 只生蚝，也含有约 50 颗塑料微粒。若一周吃两份青口加一份生蚝，意味着一年可能吞下 1.1 万颗塑料微粒。

比利时根特大学进行相关研究后，警告人们海鲜中的海洋塑料微粒，可能对食品安全构成威胁。英国埃克塞特大学团队所做的研究则指出，海鲜隐藏的食物安全危机可能更严重。

埃克塞特大学团队在实验室检验数以百计的青口，发现几乎每只都含有疑似塑料微粒。研究人员将微型的荧光聚氯乙烯（PVC）碎片放入水中，模拟青口在海中接触垃圾的情景，发现青口会进食塑料，如同进食浮游生物一般，而每只青口里平均会找到 4.5 颗塑料微粒。

领导相关研究的海洋科学家波特表示，他曾统计一名普通食用海鲜人士一年内会吃下的塑料量，结果令人震惊。参与研究的加洛韦博士解释说，塑料纤维会停留在青口的内脏里，虽然微小浮游生物吃进的塑料不多，但食物链上游的大鱼能一口吞下大量浮游生物，最终吃进更多塑料。

波特也指出，人们食用青口时，多数不会把内脏清理干净，但大部分塑料都在内脏里。食用鱼类可能更令人担忧，"我们食用整条鱼时，即是吃下那条鱼吃过的东西。"至于塑料是否能在食用后通过消化系统进入人身体组织，研究团队表示目前尚未清楚，还需获取更多证据，才能证实塑料是否对人体健康构成威胁。

67　哪些人最好不要穿塑料凉鞋？

随着天气逐渐变热，人们纷纷换上了凉鞋或拖鞋。然而，有些贪凉的人们，嫌这样还不够凉爽，甚至连袜子也不穿了，这样皮肤直接与鞋子接触，从而引发了一些症状。由于人们穿着的凉鞋和拖鞋是用聚氯乙烯树脂加工而成，同时加入了增塑剂，有的泡沫塑料鞋还要加入发孔剂发泡。这些化学物质对人们的皮肤都有一定的刺激性，有的人接触到这些物质就会发生过敏反应，出现皮肤发红、丘疹、糜烂或起水泡等症状，俗称拖鞋皮炎。

有过皮肤过敏史的人们，一是不要穿塑料凉鞋和拖鞋，最好改穿布凉鞋或竹凉鞋。二是要注意穿好袜子，千万不要使皮肤与塑料鞋长时间接触。同时，千万不要随意穿其他人使用而未消毒过的鞋子，有条件的最好使用一次性鞋套，以有效防止脚癣等其他皮肤病互相传染。对于到访家中客人使用过的拖鞋，要及时清洗、晾干或消毒后再使用。

如果已经患了接触性皮肤炎，轻者只要停用这些塑料鞋子，就能够逐渐恢复痊愈。如果出现渗出、糜烂等症状，患者应在医生的指导下，用硼酸水湿敷，待渗出停止后用地塞米松软膏之类的涂抹，口服抗敏药，就能够有效治疗这类症状。对有些继发性感染患者，可加服一些抗生素治疗。

另外，人们在夏天穿塑料凉鞋时，一定要牢记下面三个禁忌：

（1）忌接触酸类溶液，酸类溶液对塑料制品有腐蚀作用，因此，塑料凉鞋不宜接触酸类溶液。

（2）忌赤脚穿鞋子，塑料凉鞋透气性差，穿一双薄质袜子，可将脚掌汗气吸收掉。

（3）忌鞋子尺码紧小，塑料凉鞋的缺点是透气性较差，脚掌的汗气不容易挥发出去。

因此，选鞋时尺码不可紧小，最好比平时穿的其他鞋子大半个或一个鞋号，这样穿起来就不会感到闷脚或将脚面挤坏。脚容易出汗的人不宜穿前有包头、后有包跟的鞋，而宜穿前后透空的鞋。

有的塑料拖鞋泡水后会臭，因为塑料拖鞋尤其是廉价拖鞋，会有很多孔状结构，具有吸附性，水、杂质等进入，会被微生物分解散发臭味，而且很难去除。所以还是尽量选择质量可靠的塑料拖鞋。

68 电热水壶烧水有塑料味怎么办？

　　我们每天都要喝水，人们对喝水的问题向来非常重视。现在随着科技的发展，人们喝水非常便捷了，在家只需要用电热水壶插电烧一壶水就可以了，十分快捷方便。但电热水壶种类繁多，质量也参差不齐，有些热水壶烧了水之后有股塑料怪味，可能就是劣质的，这样烧出来的水喝久了可能会中毒致癌。

　　电热水壶烧水的时候，内胆的温度会很高，温度会传给外壳的塑料，使得塑料散发气体溶入水中。如果用的是食品级别的塑料，那么对身体的伤害就小很多，但有很多不法商家为了节约成本，谋取更多利润，就采用了非食品级的有毒有害塑料制造热水壶，这样烧出来的水对人体健康危害很大。

　　还有些劣质水壶，因为做工粗糙，成型后漏水，还打上玻璃胶，烧水的时候有毒物质会进入水中，不仅味道极差，而且对身体的伤害巨大，甚至会导致中毒致癌。

　　但电热水壶烧水实在太方便了，人们舍不得放弃这便捷的方式。那么怎么办呢？最简单的办法就是购买时认准产品外表和内壁的"304 不锈钢"标志就行。

　　这是因为合格的电水壶基本都是用食品级"304 不锈钢"

制成的，这样烧出来的水不仅没什么异味而且更加健康。一般来说购买不锈钢外壳的电热水壶好点，如果是塑料外壳的，就要注意内胆是不是用合格的不锈钢制作的。

69 使用劣质手机壳有什么危害？

一般来说，手机壳主要是由塑料、皮革、硅胶等制作而成，这些材料本身其实都是无毒的。但是，为什么用到手机上就有毒了？

非正规的手机壳在一定条件下会释放有毒物质。中央电视台"是真的吗"曾对此做过实验，挑选了硅胶、塑料、皮革三种最常见材料的手机壳来做实验，看看在一些特定情况下，手机壳是不是真的会释放出有毒物质。

试验方法：把手机壳放在实验舱，然后把实验舱内的温度加热到45℃（手机正常使用时的平均温度），一个小时后，这些材料释放出来的气体被全部收集起来分析。

结果发现，这些手机壳里，在一定的高温环境下，确实会释放有毒物质，如苯和甲醛，而释放量最大的有毒物质是甲醛，同时，含甲醛最多的是皮革材质的手机壳，其次是硅胶和塑料材质。

原来我们天天都在用的手机壳竟然都是可能有毒的!

虽然实验结果确实出乎意料,但人们也不必过于担忧。首先一般手机壳里都可能会含有苯,不过含量非常小,不会超过规定标准,所以通常不会对我们的健康造成什么危害。再者,手机壳体积不大,一段时间内,能同时释放出的有害气体并不多,而且我们使用手机时基本是在开放的空间中使用,有毒气体都被稀释了,所以也不会对人体造成什么伤害。最后,正规产品还是可以放心使用的。

劣质手机壳可能会带来哪些危害呢?

现在很多人对于手机壳的选择其实不太注意,只要便宜又好看,在各种路边摊或者网上随意买一堆也照样用得好好的。但是

要知道，这些过于便宜的手机壳，很可能是来自各种小作坊，用料差、成本低，售价自然低，品质毫无保障。

比如有可能难以完全贴合手机，不是太紧就是太松，使用体验不太好；比如可能使用的材料比较劣质，毕竟同一种材料也是分 ABC 等级的；还有一些镶钻的，可能是采用劣质胶来粘贴，这些劣质胶本身就会释放一些有害气体，加上一些廉价的涂料，也会含有诸多细菌，这是我们肉眼难以发现的。而且，使用手机一段时间后，手机通常都会略微发热，手机壳散热性不佳，时间一长，手机温度偏高，很容易损坏手机。

流沙手机壳的危害也不容小觑，如果选择的是非正规品牌的流沙手机壳，因为品质不具有保障，所以可能产生的危害也是相当大的！

有业内人士也对此做过实验，专门取了部分流沙手机壳里的液体来测试，发现手机壳里注入的液体大多是装饰用的矿物油，本身是没有危害的。但是一些无良商家生产时，为了能变幻出各种炫酷的效果，添加了一些化学用剂，所以如果购买到这类流沙手机壳，里面的液体一旦泄漏出来，就很容易对人的皮肤造成伤害，轻微的会有灼热感和刺痛感，严重的可能灼伤皮肤。

所以，多长点心看看自己用的是不是正规品牌的手机壳，如果不是，一定要谨慎一些，或者直接更换吧，以防万一。

70　常吃碗装泡面对身体
有什么影响吗?

1971 年，碗装方便面在日本诞生，随后被引入其他国家。碗装泡面是方便面的一种，它由于直接附带有容器，因此更方便食用，是人们居家生活及外出旅行时的常备食品。

但是，常吃碗装泡面是十分有害的，比经常食用袋装方便面对人体健康的危害更大。这是因为，碗装泡面的容器的材料多为聚苯乙烯，这种物质加热会变形，制造商为防止变形，往往在其中加入酸化防止剂 BHT 作为稳定剂。而这种 BHT 会溶解于热水中，人体大量摄入后可以致癌。而且，制造商为防止容器透水，还会在容器的内壁涂上一层蜡质（我们用手触摸碗的内壁时，能够感觉到的那层滑溜溜的物质）。这种蜡可食用，但不易消化，长期食用会导致肠胃功能受损。

此外，方便面本身又营养匮乏，它的维生素和矿物质含量极低，相反钠含量却相当惊人。据统计，一碗方便面的含盐量是美国参议院营养问题特别委员会规定的每日最高摄入量的 2 倍，所含谷氨酸钠约有 1 克之多。因此，碗装方便面不宜常吃。

71 瓶装水还能喝吗？

一个叫作 Orb Media 的非营利记者组织曾发布一项研究结果：瓶装水里有塑料颗粒污染。259 个瓶装水样品来自 9 个国家的 11 个瓶装水品牌，其中 93% 检出塑料微粒。

这个研究是委托纽约州立大学做的，他们用一种可以吸附在塑料上的荧光染料进行检测。结果发现，瓶装水中的塑料微粒数量大约是自来水的 2 倍，塑料瓶中的塑料微粒数量比玻璃瓶多。这说明，这些塑料微粒有一部分可能来自装瓶过程。

不过，食品业界认为，塑料颗粒是环境中普遍存在的，土壤、水源和空气中均有，而且还有很多食品都是用塑料包装的。

国际包装饮用水协会认为，这一研究结果未经同行评议，同时科学界在塑料微粒检测方法和健康影响上也缺乏共识，因此其结果是对消费者的恐吓。

另外，他们还认为，Orb Media 有预设立场的研究还存在很多缺陷，发布这样的媒体报道也是不负责任的。

食物和饮水中出现塑料微粒是难以避免的，就算从现在起不生产、不消费塑料制品，现有的环境中已经存在的塑料要完全降解也还要很多很多年。

虽然喝瓶装水目前来看对身体并没有什么影响，但产生的塑料瓶对环境的影响却毋庸置疑。所以，多喝烧开的自来水是最好的。

72　暴晒后的瓶装水还能喝吗？

网上流传一种说法，车里放的矿泉水暴晒以后，会发生化学反应释放致癌物质，还会释放出塑化剂邻苯二甲酸二辛酯（DEHP）、双酚 A。

饮料塑料瓶采用的塑料都是 1 号塑料 PET（聚对苯二甲酸乙二醇酯）。这种塑料的耐热性很差，碰到 70℃的开水会变形。

确实不能循环使用塑料瓶装热水，最好用完就丢弃。但说长

时间高温暴晒之后的瓶子会有健康危害，就有点夸大了。

（1）PET 瓶含有微量重金属锑，但是研究显示，饮料的锑含量非常低，远低于世界卫生组织定的指引值，不会对健康构成风险。

（2）制造 PET 时并不需要塑化剂和双酚 A，有关的传言并没有根据。

简单来说，只要是正规厂家的产品就可以放心用，暴晒后的水是能喝的。

73　塑料制品需要消毒吗？

塑料日用品繁殖寄生的主要是真菌类微生物，婴儿接触后易引起鹅口疮，学龄前儿童易患癣症及过敏性肺炎，并使创口久治不愈等。故消除真菌类微生物对塑料日用品的污染十分重要。因此经常消毒是消除塑料日用品致病因素的重要措施。

现介绍清洗消毒的方法如下：

（1）对塑料桌、椅等家具，要定期用洗涤剂清洗，之后擦干。

（2）对听筒、话筒、奶瓶、茶杯等塑料用品，要经常使用 75% 的酒精溶液或 5% 的高锰酸钾溶液或者对人体无毒无害的消毒气雾剂擦洗。

（3）对沙发和床垫等用聚氨酯类塑料制作的日用品，要经常用洗衣粉洗套子，擦洗外表面。

新生材料的发明，代替了很多不锈钢制品。每家都有塑料餐具，如塑料洗菜盆、塑料饭盒、塑料案板、塑料筷子、塑料漏网、塑料杯子、塑料勺子、塑料盘子等，但人们往往容易产生误解，觉得只要把塑料制品表面清洁就好，反正不会发霉腐烂。可事实上，在潮湿环境中，塑料品内化学添加剂通过与水及其他溶剂长时间接触，会大量渗出，造成微生物滋生现象，像电话机、音响上的话筒还会携带大量细菌。在温暖的条件下，塑料日用品也会因微生物与细菌的侵蚀，在表面出现斑点，造成日用品发脆与收缩，导致损坏。所以人们也要重视塑料制品的消毒问题。

74 哪种材质的太阳镜更好？

一般情况下，太阳镜的种类有很多，根据镜片可以分为玻璃镜片和树脂镜片两种，它们各自有各自的优缺点，不能片面说哪个好、哪个坏，我们可以根据自己的喜好和需求进行选择。

太阳镜玻璃镜片光学性能更好。太阳镜的玻璃镜片，相对于其他材质的镜片而言，它的光学性能要更好。玻璃镜片表面具有非常高的硬度，刮伤和磨损的概率会比较小，而且它还不容易变形，同时它具有非常强的光泽度和质感，在视觉上比树脂镜片要更胜一筹。

太阳镜树脂镜片使用范围更广。太阳镜的树脂镜片，是目前所有镜片材质中使用最多的一种类型，它里面含有一种植物的化学成分。树脂镜片质地比较轻盈，抗冲击能力也比较强，而且它具有很好地防紫外线的效果，跟玻璃镜片比起来，佩戴这种材质的太阳镜会更舒适、健康。

玻璃镜片和树脂镜片太阳镜有什么区别呢？

（1）特性不一样

玻璃镜片太阳镜：玻璃镜片太阳镜具有很高的硬度，而且它的耐热性能也很好，可以加热到300℃以上，但是玻璃镜片太阳镜容易破碎，而且也比较重。

树脂镜片太阳镜：树脂镜片太阳镜的耐热性能没有玻璃镜片好，它只能加热到80℃左右，而且它还不耐磨，很容易被外物刮花。但它具有很好的抗摔能力，而且质地也比较轻巧，跟玻璃镜片比起来更容易加工。

（2）功能不一样

玻璃镜片太阳镜：太阳镜的玻璃镜片没有防紫外线的功能。

树脂镜片太阳镜：太阳镜的树脂镜片可以阻隔紫外线，能够防止眼睛受到各种有害光线的伤害，而且它的透光率也比玻璃镜片强。

戴太阳镜的注意事项如下。

（1）太阳镜佩戴不当容易患眼疾，因此阴天、室内等光线暗的情况下最好不要戴太阳镜。

（2）青光眼病人不宜戴太阳镜。这类人群戴上太阳镜后，进入眼内的可见光减少了，瞳孔会自然开大，时间长了，容易诱发闭角型青光眼，出现眼红、眼痛、视力急剧下降等症状。

（3）6 岁以下儿童也不适宜长时间戴太阳镜。因为他们的视觉功能还没有发育完全，长时间戴太阳镜可能会形成弱视。

75　你听说过"塑料大米"吗？

"塑料大米"其实是一个流传很久的谣言了。早在 2011 年，国内外社交媒体就曾出现过"'塑料大米'在中国被制造"的谣言，随后，不少网民和专家都指出，所谓"塑料大米"并非被当作食物。

塑料行业人士表示，谣言视频中所用的设备是塑料行业中很常见的塑料造粒机，工厂把回收来的塑料放入塑料造粒机，生产出再生塑料颗粒，这些颗粒是再次制作塑料制品的半成品原料，而之所以要做成颗粒状，是为了便于进行储存、运输和使用。

目前并没有在大米内掺入塑料成分的造假手段，且这类再生塑料颗粒的均价为每千克 10 元左右，而普通大米每千克不超过 5 元，塑料颗粒的成本比大米贵，商家没有必要用塑料去替代大米。

对此，国家市场监督管理总局在其官方微信账号"中国食事药闻"也以专题形式对"塑料大米"事件进行了辟谣。

76 如何辨别真假粉丝？

粉丝有可能掺入塑料？听起来有点可怕，到底是真是假呢？有人做了燃烧实验。

从实验结果来看，粉丝和塑料都能燃烧。但是，粉丝燃烧的情况和塑料燃烧的情况有明显区别。

粉丝能点燃并燃烧，这是一种很正常的现象。因为粉丝以淀粉为主要原料，淀粉本身就是一种容易燃烧的碳水化合物，与是否掺杂塑料没有关系。

因此，用燃烧的办法鉴别粉丝成分好坏是不科学的，也是没有依据的。因为粉丝经过干燥处理，所以在燃点达到燃烧条件后，很容易燃烧。另外，因为粉丝自身的中空结构，燃烧时就会出现滋滋的响声。

不过，通过粉丝和塑料的对比实验，专家也提醒消费者，粉丝燃烧时，没有刺鼻性气味，而塑料燃烧时，有刺鼻性气味。因此，如果粉丝中含有塑料，燃烧时也容易会有刺鼻性气味。

专家教你两招辨别真假粉丝。

（1）微波加热粉丝会膨胀，放入水中持续加热会溶解，因为淀粉有遇热膨胀的特性，而塑料遇热不会发生变化。因此，消费者也可以将粉丝放入微波炉中加热4~5分钟,观察粉丝的变化。

如果粉丝加热后发生膨胀，则说明粉丝的成分是以淀粉为主。如果粉丝发生膨胀不明显，则要怀疑粉丝中含有其他成分。

（2）淀粉遇水加热会溶解，塑料遇水加热不会有变化。所以，消费者可以将粉丝放入盐水中持续加热。之所以使用盐水，是因为它可以加速淀粉遇水加热变化的呈现。如果粉丝在盐水中持续加热后溶解殆尽，则说明粉丝的主要成分是淀粉。如果变化不大，则要怀疑粉丝不是以淀粉为主要成分，建议不要食用。